一本书讲透
JavaScript

［美］迈克尔·哈特尔（Michael Hartl）著

赵婧宇 译

Learn Enough JavaScript
to be Dangerous

Write Programs,Publish Packages,and Develop
Interactive Websites with JavaScript

机械工业出版社
CHINA MACHINE PRESS

图书在版编目（CIP）数据

一本书讲透 JavaScript /（美）迈克尔·哈特尔（Michael Hartl）著；赵婧宇译. -- 北京：机械工业出版社，2024. 8. --（程序员书库）. -- ISBN 978-7-111-76219-5

I. TP312.8

中国国家版本馆 CIP 数据核字第 2024M0065W 号

机械工业出版社（北京市百万庄大街 22 号　邮政编码 100037）
策划编辑：王　颖　　　　　责任编辑：王　颖　　王华庆
责任校对：张爱妮　　张昕妍　　责任印制：单爱军
保定市中画美凯印刷有限公司印刷
2024 年 8 月第 1 版第 1 次印刷
186mm×240mm·11.25 印张·242 千字
标准书号：ISBN 978-7-111-76219-5
定价：79.00 元

电话服务　　　　　　　　　　网络服务
客服电话：010-88361066　　　机　工　官　网：www.cmpbook.com
　　　　　010-88379833　　　机　工　官　博：weibo.com/cmp1952
　　　　　010-68326294　　　金　书　网：www.golden-book.com
封底无防伪标均为盗版　　机工教育服务网：www.cmpedu.com

本书介绍了重要的 JavaScript 技术，并阐述了如何基于当下开发人员常用的开发工具编写实用性高的 JavaScript 程序。JavaScript 是一门强大的编程语言，市面上有相当多与它相关的教程。但令人兴奋的是，在初学阶段你不必精通所有的内容，只需精通本书内容就可以编写一个强大的程序。

JavaScript 作为唯一可以被 Web 浏览器执行的编程语言，深受程序员的青睐，它是每个程序员工具包的重要组成部分。本书致力于帮助读者学习最新的 JavaScript 技术，其中还包括 Node.js 和 ES6 等部分的知识，并基于当下通用开发软件，让读者尽快上手开发出实用的 JavaScript 程序。

不同于大多数 JavaScript 教程，本书从一开始就将 JavaScript 视为一种通用的编程语言，因此示例程序不会局限于浏览器。除了学习交互式 HTML 网页外，你还将学习如何编写命令行程序和自带的 JavaScript 软件包，甚至有机会探索重要的软件开发实践（如版本控制、函数式编程和测试驱动的开发）。本书的写作目的是对 JavaScript 的使用进行叙述性介绍，同时本书也是对 Web 上大量难以考究的 JavaScript 资料的完美补充。

除了讲解特定的 JavaScript 编程技能，本书通过大量的实际案例来介绍 JavaScript 的版本控制、HTML 等复杂技术，以及更强大的技能（如用谷歌搜索错误信息和进行程序重启）。

本书共分 11 章，简要概述如下：

第 1～4 章介绍了使用 JavaScript 面向对象编程的基础知识。第 1 章从执行"Hello, World!"程序的不同方式开始，不仅展示了如何在浏览器中调用 alert 弹窗，还展示了如何通过 JavaScript 所依赖的 Node.js 执行环境来执行命令行语句，我们甚至部署了一个（非常简单的）动态 JavaScript 应用程序到实时网络。

接下来的第 2～4 章介绍了 JavaScript 数据结构。第 2 章介绍了字符串，第 3 章介绍了数组，第 4 章介绍了其他 JS 原生对象（如 Number、Date 和正则表达式）。

第 5 章介绍了函数的基础知识，无论在哪种编程语言中函数都至关重要。第 6 章介绍了如何运用函数基础知识编写强大的代码，这就是函数式编程。

第 7 章通过一个简单的完整示例生成了自定义 JavaScript 对象并进行演示。第 8 章通过测试驱动的编程技术对其进行应用扩展。此间，你将学习如何通过 NPM 模块创建和发布一个 JavaScript 软件包。

第 9 章在前两章的基础上制作了一个交互网站，包括事件、DOM 节点相关操作、alert 弹窗和 HTML 表格的使用示例。

第 10 章介绍了在使用 JavaScript 的 shell 脚本时经常会忽视的问题，包括如何从本地文件和实时 URL 中读取代码，以及如何从常规文本文件中提取信息，就像提取 HTML 网页信息一样。

第 11 章展示了如何使用 HTML、CSS 和 JavaScript 来创建真正的工业级网站，以完成本书的学习。结果是构建一个交互式图像库，它可以动态更改图像、CSS 类和响应用户的单击页面文本。最后，将把完整的示例网站部署到实时 Web。

Contents 目 录

前　言

第1章　"Hello, World！"程序 ·········· 1

　　1.1　JavaScript 简介 ················· 3

　　1.2　Web 浏览器中的 JS ··········· 4

　　1.3　REPL 中的 JS ················· 10

　　1.4　文件中的 JS ··················· 13

　　1.5　Shell 脚本中的 JS ··········· 14

第2章　字符串 ··························· 16

　　2.1　字符串基础 ····················· 16

　　2.2　拼接和插值 ····················· 17

　　2.3　输出打印 ························· 21

　　2.4　属性、布尔值和控制流 ····· 23

　　2.5　方法 ······························· 29

　　2.6　字符串迭代 ····················· 32

第3章　数组 ····························· 35

　　3.1　分割 split() ······················ 35

　　3.2　访问数组 ························· 36

　　3.3　数组分片 slice() ··············· 37

　　3.4　更多数组操作方法 ··········· 38

　　3.5　数组迭代 ························· 40

第4章　其他原生对象 ············· 42

　　4.1　Math 和 Number 对象 ······ 42

　　4.2　Date ································· 45

　　4.3　正则表达式 ····················· 47

　　4.4　简单对象 ························· 53

　　4.5　应用：独特单词 ··············· 54

第5章　函数 ····························· 60

　　5.1　定义函数 ························· 60

　　5.2　文件中的函数 ················· 63

　　5.3　方法链 ··························· 69

　　5.4　迭代 ······························· 72

第6章　函数式编程 ················· 76

　　6.1　Map 函数 ························· 77

　　6.2　Filter 函数 ······················ 80

　　6.3　Reduce 函数 ··················· 82

第7章　对象和原型 ················· 87

　　7.1　定义对象 ························· 87

7.2 原型 ···························· 90

7.3 变更原生对象 ················· 95

第8章 测试和测试驱动开发 ··········· 97

8.1 测试设置 ···················· 97

8.2 初始化测试范围 ·············· 100

8.3 RED（测试不通过）··········· 104

8.4 GREEN（测试通过）·········· 109

8.5 重构 ······················· 113

第9章 事件和DOM操作 ············· 120

9.1 有效的回文页面 ·············· 120

9.2 事件监听器 ················· 124

9.3 动态 HTML ················· 130

9.4 表单处理 ··················· 133

第10章 Node.js中的shell脚本 ········ 139

10.1 读取文件 ·················· 139

10.2 从 URL 读取信息 ··········· 141

10.3 命令行中的 DOM 操作 ······ 145

第11章 完整的应用程序示例：
图片库 ···················· 153

11.1 为图片库做准备工作 ········· 154

11.2 更改图片库的图像 ··········· 158

11.3 设置当前图像 ··············· 164

11.4 更改图像信息 ··············· 167

11.5 结论 ······················ 172

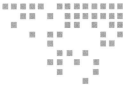

"Hello, World！"程序

无论读者是否有过 JavaScript 的相关编程经验，对本书的学习都无关紧要，重要的是借助于本书的知识来提高自己的技术熟练度（见方框 1-1）。Learn Enough 系列教程包含以下多种开发工具的教程，它们共同构成了本系列图书。

1. *Learn Enough Command Line to Be Dangerous*
2. *Learn Enough Text Editor to Be Dangerous*
3. *Learn Enough Git to Be Dangerous*
4. *Learn Enough HTML to Be Dangerous*
5. *Learn Enough CSS & Layout to Be Dangerous*

方框 1-1　技术熟练度

在日常开发中，如何解决遇到的技术难题是程序员每天都要面临的问题，在 Learn Enough 系列教程中，我们将其称之为开发人员的技术熟练度。

开发成熟的技术不仅仅依赖于 *Learn Enough Command Line to Be Dangerous*、*Learn Enough Git to Be Dangerous*、*Learn Enough HTML to Be Dangerous*、*Learn Enough CSS & Layout to Be Dangerous* 等教程中系统且常规的指导，更多地需要读者能够及时摆脱固有的结构模式，并探索多种解决方案。

本书将提供充足的实践练习来帮助我们培养这一思维习惯，并提高技术水平。

正如前文所说的一样，在浏览器内含有大量的 JavaScript 学习资料，但是除非读者已有一定的基础，否则很难将浏览的知识灵活运用。本书将成为帮助读者解锁技术文档的钥匙，有了这把钥匙，读者可以解锁更多 JavaScript 在线资源，其中不乏 MDN 开源网站，在这里可以浏览到许多标准的技术指导手册。

> 随着课程的深入，还会根据当下任务来讲解如何进行精确搜索以解决遇到的技术问题。比如，如何通过使用 JavaScript 来获取页面上的同类元素？

在第 1 章中，我们通过不同技术编译出的"Hello，World！"（你好，世界）执行程序来展开本书的学习，同时我们还将对 JavaScript 程序的编译环境 Node.js 进行详细的介绍。为了秉持 Learn Enough 系列教程动手实操的理念，我们从第 1 章就开始在动态网络上部署 JavaScript 应用程序。

掌握了"Hello，World！"之后，我们将对一些 JavaScript 的基本类型进行系统性的学习，其中包括第 2 章的字符串、第 3 章的数组和在第 4 章介绍的其他原生对象。总而言之，这几章为我们学习面向对象的 JavaScript 编程奠定了基础。

在第 5 章中，我们将学习函数基础，这也是我们在学习每门编程语言时的必修课。在掌握了以上内容之后，我们就将开始第 6 章的函数式编程之旅了。

在介绍完 JavaScript 的原生对象的基础之后，我们将在第 7 章开展自定义对象的学习之旅。

我们将一个短语包含在对象内，然后开发一个函数来验证这个短语是否是回文短语（即正向读跟逆向读相同）。

最初的回文测试实验是很简单的，但是在第 8 章中，我们将通过测试驱动开发（TDD）技术对其进行拓展，由此，我们将了解更多关于测试的知识，以及如何创建和发布一个名为 NPM 模块的自有软件包（从而连接由节点 npm 管理的庞大且不断增长的软件包生态系统，即程序包管理器）。

在第 9 章中，我们将把新的 NPM 模块应用于 JavaScript Web 应用程序：一个检测回文的网站。这将使我们有机会了解事件和 DOM 操作。我们将从最简单的实现开始，然后添加几个日益复杂的扩展，包括警告（alerts）、提示（prompts）和 HTML 表单示例。

在第 10 章中，我们将学习如何使用 JavaScript 编写复杂的 shell 脚本，这是一个备受忽视的主题，但是却突出了 JavaScript 作为一种通用编程语言的重要性。示例从文件和 URL 中读取，最后一个示例显示了如何像处理 HTML 网页一样处理下载的文件。

在第 11 章中，我们将把第 9 章和第 10 章中的技术应用于一个真实的工业级网站。特别是，我们将从 Learn Enough CSS & Layout to Be Dangerous 中去扩展示例应用程序，以添加一个功能性图像库，该库可以响应用户单击事件并动态更改图像、CSS 类和页面文本。（我们将使用 Git 直接克隆一个存储库，这样即使你还没有完成 Learn Enough CSS & Layout to Be Dangerous 的学习，你也可以构建和部署图像库。）

在大多数情况下，手工输入代码示例是最有效的学习方式，但有时复制和粘贴更实用。为了使后者更方便，本书中的所有代码列表均可在线访问以下 URL：https://github.com/learnenough/learn_enough_javascript_code_listings。

完整的 Web 开发技术，需要具备动态渲染的前端和可以连接数据库的后端，尽管这超出了本书的范围，但是在学习完本书之后，你将具备学习这些技能的坚实基础。我们将以指向更多资源的指针来结束本书，以进一步扩展你的 JavaScript 知识，并进一步了解更多关于全栈 Web 开发的教程，特别是如何使用 Ruby（通过 Sinatra）和 RubyonRails，而学习 JavaScript 可以为后续的学习打下坚实的基础。

1.1 JavaScript 简介

JavaScript 最初是由计算机科学家 Brendan Eich 为开发第一个商业网络浏览器——网景浏览器而研发的，并命名为"LiveScript"（见方框 1-2）。JavaScript 的主要作用是通过 CSS 和 Web 布局来实现对文档对象模型（DOM）的操作。近年来，JavaScript 的作用越发强大，现在经常被用作一种后台通用编程语言。

方框 1-2　叫什么并不重要

把玫瑰叫作别的名字，它还是照样芳香。

——William Shakespeare, Romeo and Juliet 2.2.45-46

我们现在所说的 JavaScript 最初被网景公司的创建者称为"LiveScript"，但在计划发布时有大量关于 Java 的宣传，这是一种由 Sun Microsystems 开发的语言。为了给这一宣传锦上添花，网景公司将"LiveScript"改为"JavaScript"，这给开发者带来了无尽的困惑，他们想知道它与 Java 有什么关系。（答案是：没有。）

后来，为了提高跨浏览器兼容性，名为 ECMAScript 的标准化 JavaScript 版本被创建。从技术上讲，大多数人所说的"JavaScript"被更恰当地称为"ECMAScript"，JavaScript 只是 ECMAScript 的最常见实现，但本书遵循使用"JavaScript"来泛指语言的常见惯例。这个规则的例外是，当偶尔使用诸如"ES6"之类的约定名称时，它指的是第六版 ECMAScript（此版本针对 ECMAScript/JavaScript 标准添加了许多有用的功能）。

最后，值得注意的是，以小写的"s"拼写的"Javascript"是非常常见的，甚至在相对正式的上下文中也经常出现，但它在严格意义上来说是错误的，因此在本书中，我们将坚持使用严格正确的"JavaScript"。

为了提供最好的 JavaScript 编程入门桥梁，本章使用了以下四种方法研究"Hello, World！"程序。

1. 在用户浏览器中运行的前端 JavaScript 程序；
2. 带有 Node.js Read Evaluate Print Loop（REPL）的交互式提示；
3. 独立 JavaScript 文件（包括节点包管理器）；
4. Shell 脚本。

"Hello，World！"这一传统程序可以追溯到 C 编程语言，主要目的是确保系统已经被正确配置，并能够执行在计算机屏幕上打印"hello，world！"字符串的简单程序。

JavaScript 最初也最常见的应用是编写在 Web 上执行的程序，因此我们将首先编写（并部署！）一个在 Web 浏览器中显示问候语的程序。然后，我们将基于 Node.js 运行环境先后在 NodeREPL 中、名为 hello.js 的 JavaScript 库文件中和名为 hello 的可执行 shell 脚本中编写 JavaScript 程序。

在接下来的整个过程中，我将默认你可以访问与 UNIX 兼容的系统，如 macOS、Linux 或 Cloud9 IDE，正如在 *Learn Enough Dev Environment to Be Dangerous* 中所叙述的那样。如果你没有这样的系统环境，建议在开始之前，学习一下 *Learn Enough Dev Environment to Be Dangerous*。（如果你使用云 IDE，建议你创建一个 JavaScript 的开发环境。）

Mac 用户注意：虽然这在本书中无关紧要，但还是建议你使用 Bourne-again shell (Bash) 来替代默认使用的 Z shell 来完成本书的学习。为了将 shell 切换成 Bash，可以在命令行中运行 chsh -s /bin/bash 并输入你的用户密码，然后重启你的终端程序。任何生成的警告消息都可以忽略。

1.2 Web 浏览器中的 JS

尽管 JavaScript 越来越多地被用作通用编程语言，但它依然在其原生的 Web 浏览器环境中蓬勃发展。因此，我们的第一个"Hello，World！"程序包括在网页上显示由 JavaScript 代码创建的通知或警告。

我们将首先使用 mkdir -p（根据需要创建中间目录）⊖为本书创建一个目录，并使用 touch 命令⊖创建一个 HTML 索引文件：

```
$ mkdir -p ~/repos/js_tutorial
$ cd ~/repos/js_tutorial
$ touch index.html
```

接下来，我们将遵循 *Learn Enough Git to Be Dangerous* 中介绍的实践，并使用 Git 来控制项目的版本号：

```
$ git init
$ git add -A
$ git commit -m "Initialize repository"
```

此时，我们已经准备好进行第一次编辑。我们将从熟悉的领域开始，在索引页面中添加一个简单的 HTML 框架（没有使用 JavaScript），如代码清单 1-1 所示。结果如图 1-1 所示。

代码清单 1-1　HTML 框架

index.html

```
<!DOCTYPE html>
<html>
  <head>
    <title>Learn Enough JavaScript</title>
```

⊖ 如果你正在使用 *Learn Enough Dev Environment to Be Dangerous* 中推荐的云 IDE，我建议将主目录～替换为目录～/environment，尽管在本书中无论使用哪种方式都一样。

⊖ 你可以在 *Learn Enough Command Line to Be Dangerous* 中找到类似 UNIX 命令的内容。

```
    <meta charset="utf-8">
  </head>
  <body>
    <h1>Hello, world!</h1>
    <p>This page includes an alert written in JavaScript.</p>
  </body>
</html>
```

图1-1 初始静态索引页

这个页面上的段落带有"欺骗性"，那是因为我们还没有添加任何 JavaScript 语句。我们通过放入包含单个命令的脚本标记来实现页面上段落中的内容。

```
<script>
  alert("hello, world!");
</script>
```

在这里，我们使用了 JavaScript 中的 alert 函数，它可以接收参数并执行一些任务。如图 1-2 所示，JavaScript 函数可以解析为函数名、左括号、零个或多个参数、右括号和结束的分号。（我们将在第 5 章中对函数进行深入的学习，其中包括如何实现自定义函数。）

图1-2 解析调用的 JavaScript 函数

某些场景下，alert 函数将字符串（第 2 章进行详细介绍）作为参数并将其在浏览器中以警告的形式进行展现。为了实现这个场景，我们在索引界面添加一个 alert 函数，如代码清单 1-2 所示。从技术上讲，我们可以在页面上的任何位置进行脚本标记语言的开发，但通常将其放在文档的头部（尤其是当包含外部 JavaScript 文件时，我们将在 5.2 节中看到）。

代码清单 1-2　JavaScript 中的 "Hello，World!"

index.html

```
<!DOCTYPE html>
<html>
  <head>
    <title>Learn Enough JavaScript</title>
    <meta charset="utf-8">
    <script>
      alert("hello, world!");



    </script>
  </head>
  <body>
    <h1>Hello, world!</h1>
    <p>This page includes an alert written in JavaScript.</p>
  </body>
</html>
```

浏览器将在刷新页面之后显示如图 1-3 所示的友好问候语。

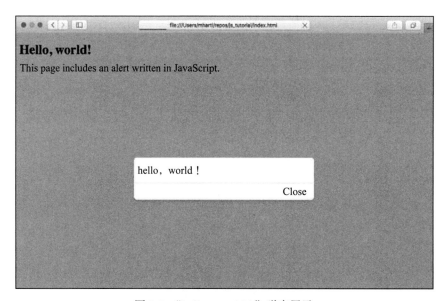

图 1-3　"hello，world！" 弹窗展示

1.2.1　部署

下面将 JavaScript 应用程序部署到实时 Web 上。我们所用到的技术与 *Learn Enough Git to Be Dangerous*、*Learn Enough HTML to Be Dangerous*、*Learn Enough CSS & Layout to Be Dangerous* 中所涵盖的技术相同，即通过 GitHub 托管的免费网站来实现。

首先，让我们提交代码清单 1-2 中所做的更改：

```
$ git commit -am "Add a JavaScript 'hello, world'"
```

下一步是在 GitHub 上创建一个新的远程存储库，如图 1-4 所示。（如果读者对这些步骤的操作不熟悉，请查阅 *Learn Enough Git to Be Dangerous* 以了解更多详细信息。）

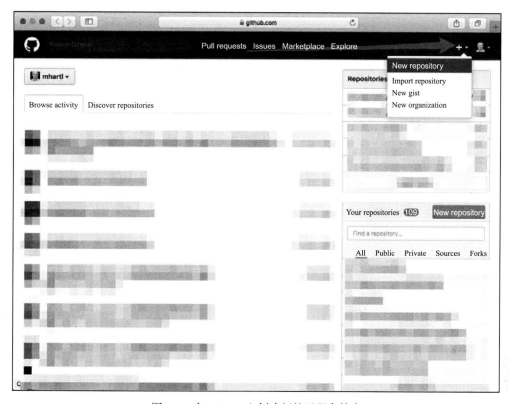

图 1-4　在 GitHub 上创建新的远程存储库

接下来，使用远程存储库配置本地系统（注意用 GitHub 用户名填写 <username>，并在提示输入密码时使用 GitHub 个人访问令牌），然后推送：

```
$ git remote add origin https://github.com/<username>/js_tutorial.git
$ git push -u origin main
```

由于视频相对较难更新，本书附带的截屏演示使用的是 master（Git 产生的前 15 年的默认分支名称），但是本书将其更名为 main，main 也是当前首选的默认分支。请查看 Learn Enough 博客文章 " Default Git Branch Name with Learn Enough and the Rails Tutorial" 来获取更多信息。

要完成全部的部署工作，需要按照图 1-5 进行设置，然后按照图 1-6 与图 1-7 进行配置，使得我们的程序在 GitHub Pages 的除 main 之外的其他分支上，也能够正常地提供服务。

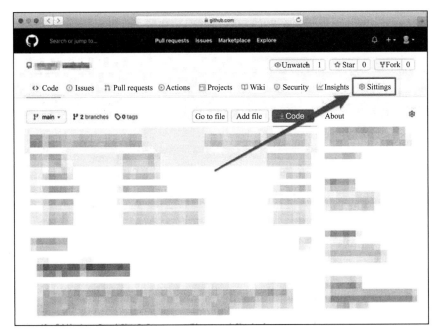

图 1-5　设置 GitHub 存储库

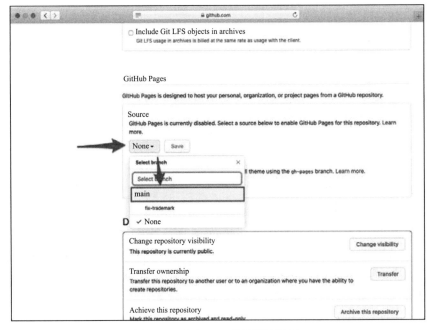

图 1-6　通过 main 进行网站访问

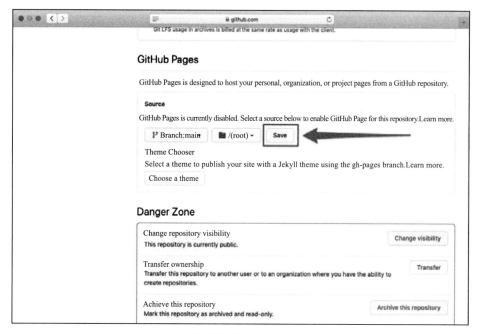

图 1-7 保存最新的 GitHub 页面设置

完成以上操作，就可以从以下链接[⊖]访问网站：

```
https://<username>.github.io/js_tutorial
```

访问结果应该与图 1-3 中的"hello，world！"问候语一样，唯一不同的是图 1-8 中的问候语是在动态网页上进行展示的。

图 1-8 实时 Web 上的 JavaScript "hello，world！"页面

⊖ 想了解如何使用自定义域托管 GitHub 站点，请参阅 *Learn Enough Custom Domains to Be Dangerous* (https://www.learnenough.com/custom-domains)。

1.2.2 练习

如果你在第一个警报之后再发出第二个警告，会发生什么？

1.3 REPL 中的 JS

接下来进行的两个"Hello，World！"程序示例与 Read-Eval Print Loop 或 REPL 密切相关。REPL 是一个交互式解释器环境，它读取输入内容并进行求值，然后返回结果，如此循环往复。大多数现代编程语言都提供 REPL，JavaScript 也不例外。事实上，如上所述，它实际上提供了两种解释器环境。

1.3.1 浏览器中的控制台

REPL 的第一个示例就是浏览器控制台，它作为标准开发工具套件的一部分，可在大多数现代浏览器中使用。通常情况下，这些工具是否可以使用取决于用户所使用的浏览器。举例来说，这些工具在网站上是默认可以使用的，但是如果用户使用的是 Safari 浏览器，则必须自行手动安装这些插件才能够使用。根据自己的技术背景以及技术熟练度（方框 1-1）来自行进行浏览器的设置。

在浏览器窗口中单击鼠标右键（或按 Ctrl 键），选择 Inspect Element，打开 Web 检查器即可使用开发工具，如图 1-9 所示。访问结果如图 1-10 所示。

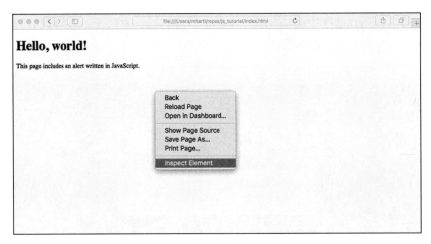

图 1-9　通过 Inspect Element 激活开发工具

如图 1-11 所示，单击开发工具中的相应选项卡即可访问控制台。正如我们将在 5.2 节中看到的，控制台是一个有用的调试工具，它可以访问完整的 DOM 节点和应用程序运行环境的其他方面，并显示可能影响应用程序运行的警告或者错误。图 1-11 就显示了一个关于丢失的 favicon.ico 文件的警告。知道什么时候可以安全地忽略这些警告是技术成熟的标志。

（在示例的这种情况下，我们可以忽略不计。此外，你可以通过设置来规定对相同的错误是否需要进行多次提示。）

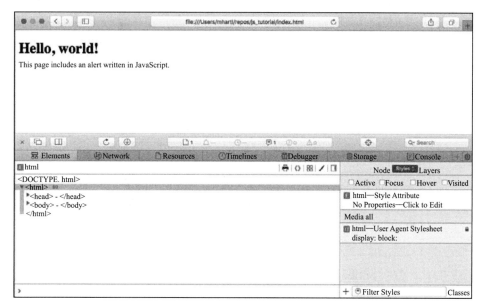

图 1-10 浏览器中的开发工具

图 1-11 JavaScript 的交互式控制台

我们终于可以使用 REPL 控制台编写"Hello，World！"程序了。我们的方法是使用

console，它是一个 JavaScript 对象，表示控制台及其相关数据、函数等。特别是，控制台对象有一个名为 log 的函数，它向屏幕输出（"log"）及其参数。我们可以使用"点号"来调用它，该符号已成为各种面向对象语言的标准，如代码清单 1-3 所示。

代码清单 1-3　控制台中的"hello, world!"命令

```
> console.log("hello, world!");
```

在使用对象的上下文中，通过点进行调用的函数通常称为方法。

此时，你应该在浏览器控制台中键入 console.log 命令，注意代码清单 1-3 中的 " > " 表示控制台提示本身，不应该直接键入。其结果应类似于图 1-12。（我们将在 2.3 节中解释 undefined 的含义。）

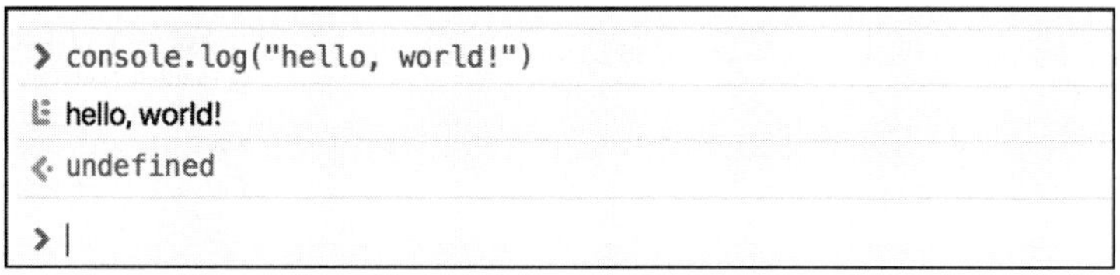

```
> console.log("hello, world!")
  hello, world!
< undefined
> |
```

图 1-12　在浏览器控制台中打印"hello, world！"

读者可能已经注意到，代码清单 1-3 中的命令包含一个终止分号（参见图 1-2），而图 1-13 中的命令没有。此差异是为了表明这两个命令的工作原理相同，在使用交互式控制台时，通常省略分号。为了保持一致性，本书的其余部分（甚至在控制台中）使用分号，但如果你在其他人的代码中看到不同的写法，那最好提前了解这两种约定。

1.3.2　Node 提示符

虽然 JavaScript 程序可以在各种 Web 浏览器中运行，但是将其视为通用编程语言意味着我们也可以在命令行中运行 JavaScript 代码。因此我们需要安装一个能够编译 JavaScript 程序的运行环境。当下最流行的就是 Node.js（通常简称为"Node"）。

你的系统上可能已经安装了 Node.js。最简单的检查方法是使用 which 命令 [正如 *Learn Enough Command Line to Be Dangerous* 中所介绍的那样 (https://www.learnenough.com/command-line-tutorial/inspecting_files#sec-downloading_a_file)]。

```
$ which node
/usr/local/bin/node
```

如果控制台显示了节点可执行文件的路径，那么就可以开始 JavaScript 编程了。

如果你的系统上不存在 Node 环境，那么此时应安装它。如果你正在使用带有 Homebrew 的 Macintoshw，你可以运行

```
$ brew install node
```

来获取最新版本。如果你已安装 Node，请运行

```
$ brew upgrade node
```

否则，请访问 Node.js 网站 (https://nodejs.org/en/)，按照对应系统的下载和安装说明进行操作。

安装后，运行 Node.js REPL 很简单，只需在命令行运行 Node 命令即可，如代码清单 1-4 所示。

代码清单 1-4　在命令行显示 Node 提示符

```
$ node
>
```

与浏览器控制台一样，">"代表节点提示，它允许我们以交互方式运行命令。（为了简单起见，我们有时会使用" console"来指代浏览器控制台或节点 REPL。）特别是，要复现代码清单 1-3 中的" Hello，World！"程序，我们只需在节点提示符处键入相同的命令，如下所示：

```
> console.log("hello, world!");
hello, world!
```

（根据你的系统，你可能还会看到 undefined。我们将在 2.3 节中对此进行详细的讨论。）

在浏览器控制台和节点提示符中，我们可以使用以下命令打印" hello，world！"：

```
> console.log("hello, world!");
```

1.3.3　练习

如果在浏览器控制台中运行 alert，会发生什么？在节点控制台中呢？

1.4　文件中的 JS

尽管交互式地探索 JavaScript 非常方便，但大多数真实编程发生在使用文本编辑器创建的文本文件中。在本节中，我们将学习如何创建和执行 JavaScript 文件来展示前两节中使用到的" Hello，World！"程序。它是我们将在第 5.2 节中学习的可复用的 JavaScript 文件的简化原型。

我们将首先为 hello 程序创建一个 JavaScript 文件（扩展名为 .js）：

```
$ touch hello.js
```

接下来，使用文本编辑器，并在编辑器中键入代码清单 1-5 中所示的内容。值得注意的是，这里的代码与代码清单 1-3 及其后续示例中的代码完全相同，不同之处就在于 JavaScript 文件中没有命令提示符">"。

代码清单 1-5　JavaScript 文件中的" Hello，World"程序

hello.js

```
console.log("hello, world!");
```

此时，我们已经准备好使用代码清单 1-4 中相同的节点命令来执行程序，以显示 node 提示符。唯一的区别是，这次使用的文件名中包含一个参数：

```
$ node hello.js
hello, world!
```

和以前一样，结果是在终端屏幕上打印"hello，world！"。（在程序内部，console.log 的返回值与之前一样是 undefined，但它不会显示出来，因为与交互式提示不同，命令行程序不会显示任何返回值。）

虽然这个例子很简单，但这是一个巨大的进步，因为此时，我们可以编写比交互式控制台或节点会话更长的 JavaScript 程序。

练习

如代码清单 1-6 所示，给 console.log 传递两个参数，会发生什么情况？

代码清单 1-6　使用两个参数

hello.js

```
console.log("hello, world!", "how's it going?");
```

1.5　Shell 脚本中的 JS

尽管第 1.4 节中的代码功能相对完善，但在编写要在命令行 shell 中执行的程序时，最好使用 *Learn Enough Text Editor to Be Dangerous* 中讨论的那种可执行脚本。现在 JavaScript 可以在浏览器之外如此有效地使用，是因为它已经加入了 Perl、Python 和 Ruby 等更传统的"脚本语言"的行列，成为编写此类 shell 脚本的绝佳选择。

让我们看看如何使用 Node 生成可执行脚本。我们首先将创建一个名为 hello 的文件：

```
$ touch hello
```

注意，我们没有包含 .js 扩展名，这是因为文件名本身就是用户界面，不需要将实现语言公开给用户。事实上：通过使用 hello 这个名字，我们可以选择用不同的语言重写脚本，而不必更改程序中用户键入的命令。（在这个简单的案例中，这并不重要，但原则应该是要明确的。我们将在第 10.3 节中看到一个更为现实的例子。）

我们通过两个步骤来编写工作脚本，第一个就是使用我们之前在代码清单 1-5 中看到的命令，在命令行前面有一个"shebang"行，用来提示我们的系统需要使用 node 来运行脚本。

准确的 shebang 行取决于系统。通过运行以下命令，可以找到正确的系统可执行路径：

```
$ which node
/usr/local/bin/node
```

对 hello 文件中的 shebang 行使用此命令，将得到代码清单 1-7 所示的 shell 脚本。

代码清单 1-7 一个"hello，world!"shell 脚本

hello

```
#!/usr/local/bin/node

console.log("hello, world!");
```

我们可以使用 1.4 节中的 node 命令直接执行该文件，但是一个真正的 shell 脚本应该可以在不使用任何辅助程序的情况下执行（这就是 shebang 行的用途）。相反，我们将遵循上面提到的两个步骤中的第二个，并使用 chmod（"更改模式"）命令与 +x 组合（"加上可执行文件"）的模式使文件本身变得可执行：

```
$ chmod +x hello
```

此时，文件应该是可执行的，我们可以通过在命令前面加 ./ 来执行它，这告诉我们的系统在相应目录（dot=.）中查找可执行文件。（将 hello 脚本加入 PATH 上，以便可以从任何目录中调用它，这一操作留作一个练习）结果如下：

```
$ ./hello
hello, world!
```

我们现在已经编写了一个适用于扩展和细化的 JavaScript shell 脚本。如上所述，我们将在第 10.3 节中看到一个实用程序的脚本示例。

在本书的其余部分，我们将主要使用 Node REPL 进行初步学习，但最终目标是创建一个包含 JavaScript 的文件（无论是纯代码文件还是 HTML 文件）。

练习

通过移动文件或更改系统配置，将 hello 脚本添加到运行环境的 PATH 中。（你可以在 *Learn Enough Text Editor to Be Dangerous* 中找到相关操作步骤）确认你在运行 hello 程序时无须事先将 ./ 添加到命令行中。

字 符 串

字符串也许是 Web 上最重要的数据结构，因为从服务器发送到浏览器的网页最终都是由字符串组成的，许多其他类型的程序也需要对字符串进行操作。因此，我们的 JavaScript 编程之旅从字符串开始。

2.1 字符串基础

字符串由特定顺序的字符序列组成。我们已经在第 1 章的 "Hello，World！" 程序中看到了几个例子。让我们来看看如果在 Node 会话中单独键入字符串（没有 console.log）会发生什么。

```
$ node
> "hello, world!"
'hello, world!'
```

按字面形式键入的一系列字符称为字符串文字，在这里我们使用双引号 ""创建了字符串文字。在字符串文字的情况下，REPL 打印对行求值的结果就只是字符串本身。

通过上面的操作读者可能注意到了一个细节，那就是我们通过双引号创建的字符串在 REPL 中却以单引号进行返回。这一细节取决于不同的系统（例如，Chrome 和 Safari 等浏览器中的控制台中通过双引号来展示字符串的返回值），所以读者不必担心所使用的系统是否存在问题。正是这一小小的差异，让我们了解到 JavaScript 中单引号和双引号的区别。

不同于其他编程语言，JavaScript 几乎在所有实际用途中都使用双引号和单引号。存在例外的是当在单引号表示的字符串中存在撇号（'）的时候，必须通过反斜杠 \ 来进行字符转义。

```
> "It's not easy being green"
'It\'s not easy being green'
```

在这里，在"It's"输出中的撇号（'）前面包含一个反斜杠。如果我们键入相同的字符串而不使用转义撇号（'），REPL 会认为该字符串以"It"结尾，从而导致语法错误。

```
> 'It\'s not easy being green'
'It\'s not easy being green'
> 'It's not easy being green'
'It's not easy being green'
     ^
SyntaxError: Unexpected identifier
```

这里在运行过程中实际上是 JavaScript 在字符串"It"的后面检测到了一个空的字母 s，但是由于没有名为 s 的标识符，因此 REPL 会产生报错。（我们在 2.2 节中的方框 2-2 中会对标识符进行更多的阐述。）

同样，在双引号字符串中，必须要对双引号进行转义：

```
> "Let's write a \"hello, world\" program!"
'Let\'s write a "hello, world" program!'
```

正如所想到的那样，返回值显示了在单引号表示的字符串中不需要转义双引号。

只有两个引号组成的空字符串也是有着重要意义的字符串。

```
> ""
''
```

我们将在 2.4.2 和 3.1 节中对字符串进行更多的阐述。

练习

JavaScript 支持常见的特殊字符，如制表符（\t）和换行符（\n）。这两个特殊字符都可以使用单引号和双引号字符串进行显示。单引号和双引号分别会产生什么影响呢？

2.2　拼接和插值

对字符串进行的比较重要的两个操作就是字符串的拼接和插值，它们分别通过将多个字符串拼接成一个字符串和将变量放入字符串中进行实现。

无论是通过单引号还是双引号表示的字符串，我们都可以通过 + 运算符⊖来实现对不同字符串的拼接操作。

⊖ 使用 + 进行字符串拼接在编程语言中是一种常见操作，但是在某些情况下，这样操作也会产生一些问题，通常情况下在数学运算中，加法是遵从交换律的，就好比：$a+b=b+a$，但是在乘法运算中会存在一些不遵循交换律的运算，就好比在矩阵乘法中 $AB \neq BA$。在字符串拼接的操作中，+ 号是不遵循交换律的，好比"foo"+"bar"得到的是"foobar"，而"bar"+"foo"得到的却是"barfoo"。出于这种考虑，一些语言（如 PHP）使用了不同的符号来进行字符串拼接操作，好比有的使用 . 来进行连接，例如"foo"."bar"。

```
$ node
> "foo" + "bar";      //字符串拼接
'foobar'
```

"foo" + "bar" 的结果是字符串"foobar"。在 *Learn Enough Command Line to Be Dangerous* 中对" foo"和" bar"命名含义进行了详尽的讨论，详情请访问 https://www.learnenough. com/command-line-tutorial/manipulating_files#aside-foo_bar。注意，方框 2-1 中包含了 JavaScript 连接示例的详细注释说明，这些在 REPL 会话中是不会包含的，但是为了对代码 进行详尽的解释，在本书中会添加注释。

方框 2-1　注释

JavaScript 通常以两个斜杠字符 // 开始进行注释，并将注释延伸到行的末尾。在执 行 JavaScript 代码时，注释通常会被忽略，但注释对开发人员（也包括原始作者）意义 重大。

```
//将问候语打印到控制台
console.log("hello, world!");   //命令本身
```

代码中，第一行是对下面代码块功能描述的注释，而第二行则是包含代码语句和语 句操作目的的注释。

有些时候可能要一次注释掉多行代码，这一操作通常在调试过程中会起到很大的作 用，详见方框 5-1。任何的文本编辑器都支持一次注释掉多行代码的功能，并在后续有 需要的时候将它们进行释放。以上操作会产生如下效果：

```
// console.log("foobar");
// console.log("racecar");
// console.log("Racecar");
```

各个编辑器都不尽相同，所以需要读者根据自身的技术能力来选择合适的编辑器。

JavaScript 还支持将代码包含在 /*...*/ 中进行多行注释，如下所示：

```
/* console.log("foobar");
console.log("racecar");
console.log("Racecar"); */
```

现在的文本编辑器可以很轻松地实现将单行注释命令应用于多行代码语句，在实际 的练习中也很少使用 /*...*/ 语法。

通常在控制台中不会对语句进行注释，但是为了进行代码解释，有时会在控制台中 对语句进行注释说明：

```
$ node
> 17 + 42    //整数加法
59
```

如果读者需要在自己的控制台上对这些命令进行键入或者复制粘贴，可以根据需要 对注释进行省略，毕竟无论怎样操作控制台都会忽略掉注释语句。

接下来进行一些字符串拼接变量的操作，这里的变量都是一些不包含实际值的预先定义好的变量名（正如在 *Learn Enough CSS & Layout to Be Dangerous* 中提到的那样，在方框2-2 中也会进行详尽的阐述）。

方框 2-2　变量和标识符

如果你从未接触过计算机编程，你可能对变量并不熟悉，变量是计算机编程语言中的一个基本概念。变量就好比一个提前被命名的空盒子，在里面可以保存不同的变量值。

作为一个具体的类比，将命名盒子比作学校为学生提供的储存衣物、书籍、背包的盒子，如图 2-1 所示。变量代表盒子的位置，盒子的标签就是变量名（也称为标识符），盒子的内容就是变量值。

在实践中，这些不同的定义经常被混淆，"变量"通常用于位置、标签或值这三个概念中的任何一个。

图 2-1　计算机变量的具体类比[⊖]

我们可以通过 let 命令来为姓氏和名字创建不同的变量，如代码清单 2-1 所示。

代码清单 2-1　使用 let 定义变量

```
> let firstName = "Michael";
> let lastName  = "Hartl";
```

let 命令将标识符 firstName 与字符串"Michael"相关联，将标识符 lastName 与字符串"Hartl"相关联。

⊖　图片由 Africa Studio/Shutterstock 提供。

代码清单 2-1 中的变量 firstName 和 lastName 的书写形式遵循驼峰命名法（CamelCase，这一命名法的由来是大写字母与骆驼的驼峰相似，如图 2-2 所示）。这也是 JavaScript 中变量进行定义时的通用命名规则。变量名通常以小写字符开头，而对象原型如 String（详见第 7 章）则以大写字母开头。

图 2-2　CamelCase 的起源⊖

在代码清单 2-1 中对变量进行了定义之后，我们就可以使用它们来连接名字和姓氏，并在它们之间插入一个空格（如代码清单 2-2 所示）。

代码清单 2-2　拼接字符串变量和字符串文本

```
> firstName + " " + lastName;
'Michael Hartl'
```

代码清单 2-1 中使用 let 来定义变量是现代 JavaScript 独有的特性，我们通常将其称为 ES6 语法，方框 1-2 中的 ECMAScript6（ES6）相较于之前的语法形式产生了很大的变化。本书中，我们通常使用 let 或者与之类似的 const（将在 4.2 节中首次出现）进行变量定义，但是读者需要了解到的是，使用几乎等效的 var 仍然非常常见（见代码清单 2-3），因此理解这两者很重要。

代码清单 2-3　使用 var 定义变量

```
var firstName = "Michael";
var lastName  = "Hartl";
```

代码清单 2-3 中的定义形式仅仅作为说明使用，在后面的变量定义过程中，不推荐读者使用这种方式进行变量的定义。

⊖　图片由 Utsav Academy 和 Art Studio 提供，Pearson 印度教育服务私人有限公司。

2.2.1 backtick 语法

另外一种创建字符串的方法是通过 ES6 的 backtick 语法（模板文字）进行插值创建：

```
> `${firstName} is my first name.`
'Michael is my first name.'
```

我们通过一个用反引号括起来的字符串（`...`）进行示例，要展示的变量在 ${...} 中的 ... 中进行引用。JavaScript 会自动进行插入或插值操作，即在适当的位置将变量 firstName 的值插入字符串[⊖]。

我们可以使用 backtick 语法复现代码清单 2-2 的示例，如代码清单 2-4 所示。

代码清单 2-4　串联检查，然后使用反引号进行插值

```
> firstName + " " + lastName;    //拼接，中间有一个空格
'Michael Hartl'
> `${firstName} ${lastName}`;    //等效插值
'Michael Hartl'
```

代码清单 2-4 中所示的两个表达式是等效的，在字符串之间插入 "" 括起来的空格总觉得有些尴尬，因此我更偏向于第二种语法形式。

2.2.2 练习

1. 如果使用 let 对同一变量名命名两次，会产生什么样的效果？改用 var 的话会怎么样？

2. 将 city 和 state 作为变量名，用来表示所居住的城市和州名（如果读者不是美国公民，请对应换成所在国家的城市名和省份），利用插值进行操作，打印出来一个由逗号和分隔符表示的城市和州组成的字符串，比如 "Los Angeles, CA"。

3. 重复上一练习，但用 tab 分隔城市和州。

2.3　输出打印

正如我们在第 1.3 节和后续章节中看到的那样，JavaScript 通过 console.log() 函数来将字符串打印在屏幕上：

```
> console.log("hello, world!");    //打印输出
hello, world!
```

此函数除了不返回一个确定的值之外，能做其他函数做的任何事情。下面展示了该函数向屏幕输出一个字符串但是却不返回任何值的函数表达式。

```
console.log("hello, world!");
```

这就是为什么有些控制台在打印值之后会显示 undefined（如图 2-3 所示）。当在 REPL 中显示结果时，我们通常会忽略 undefined，但 undefined 却是用来区分返回值函数和 con.

⊖　熟悉 Perl 或 PHP 的程序员应该将其与 "Michael $lastName" 等表达式中美元符号变量的自动插值进行比较。

ole.log 等有副作用的函数最便捷的方法。

与其他编程语言的 print、printf 和 puts 等打印功能函
数不同的是，JavaScript 中的打印函数相当长且烦琐，需要
编程者调用一个控制台对象的方法，并且使用不是很直观的
log 名称来进行输出。这是因为 JavaScript 在最初是一种专
门为在 Web 浏览器中运行而生的语言，并非通用类型的语言。

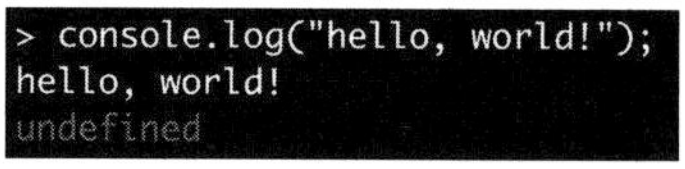

```
> console.log("hello, world!");
hello, world!
undefined
```

图 2-3　Node 中未定义的返回值

console.log 这个名字暗示了它最初的目的：向浏览器控制台写入日志，它仍然擅长这
项任务，这在调试代码的过程中很有用。例如，我们可以在 index.html 中的 <script> 标签
中添加控制台日志，如代码清单 2-5 所示。

代码清单 2-5　写入控制台日志

index.html

```html
<!DOCTYPE html>
<html>
  <head>
    <title>Learn Enough JavaScript</title>
    <meta charset="utf-8">
    <script>
      alert("hello, world!");
      console.log("This page contains a friendly greeting.");
    </script>
  </head>
  <body>
    <h1>Hello, world!</h1>
    <p>This page includes an alert written in JavaScript.</p>
  </body>
</html>
```

结果是在索引页面（在显示警报之后）将消息记录到控制台，如图 2-4 所示。

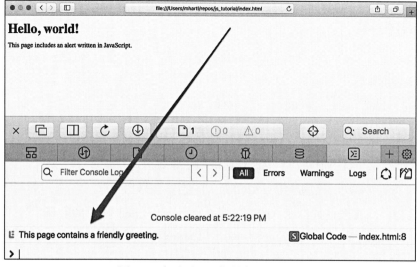

图 2-4　索引页上的控制台日志消息

最后，值得注意的是，console.log 默认在字符串之间插入空格：

```
> console.log(firstName, lastName);
Michael Hartl
```

如果读者只想获得一个 2.2 节所示的表示组合的字符串，这种操作就不是很方便了，如果读者只关心输出结果，那么这种操作确实可以帮助读者省略掉拼接和插值操作。

练习

在 index.html 页面内定义两个变量，分别为 firstName 和 lastName，然后通过 console. log 在浏览器的控制台进行输出操作。

2.4　属性、布尔值和控制流

包括字符串在内的 JavaScript 包含的所有内容，都是一个对象，这意味着我们可以通过对象获得字符串内包含的有用的信息，并且通过 1.3.1 节中所介绍的点操作符来进行一系列操作。

首先，我们可以通过访问对象的属性来获取信息，就比如我们可以在控制台中使用 length 属性来获取字符串的长度。

```
$ node
> "badger".length;        //访问字符串的 "length" 属性
6
> "".length              //空字符串长度为 0。
0
```

length 是字符串对象的唯一属性，这一点读者可以使用 String 上的 MDN 条目进行验证（http://developer.mozilla.org/en-US/docs/Web/JavaScript/Reference/Gobal_Objects/String），并使用网络浏览器的“查找”功能搜索字符串“属性”。

length 属性在进行比较时特别有用，比如通过与特定的值进行比较来检测字符串的长度（注意 REPL 同样支持“向上箭头”来复现之前的命令行，就像命令行终端一样）：

```
> "badger".length > 3;
true
> "badger".length > 6;
false
> "badger".length >= 6;
true
> "badger".length < 10;
true
> "badger".length == 6;
true
```

最后一行命令操作语句使用了比较运算符“ == ”，这是 JavaScript 与其他编程语言一样都可以进行的操作，但是这里面存在一个很大的隐患：

```
> "1" == 1;
true
```

换句话来说，通过比较运算符比较的字符串"1"和数字1的返回结果为true，在JavaScript中默认二者是相等的。

随着编程语言的发展，这种操作是存在问题的，因为对于有着其他编程语言背景的编程者来说，在学习JavaScript时遇到这种操作可能会为以后的代码埋下bug隐患。所以为了避免这种情况的发生，最好使用"==="来进行严格的比较。

```
> "1" === 1;      //这可能是你想要的
false
```

在本书的其余部分中，我们将始终使用 === 进行等式比较。

以上比较结果的返回值总是true或者false，这也是我们所熟知的布尔值，它是以伟大的数学家、逻辑家乔治·布尔来命名的。

布尔值在控制流操作中的作用重大，我们可以根据比较的结果来进行一系列操作（如代码清单2-6所示）。

代码清单 2-6 if 操作的控制流

```
> let password = "foo";
> if (password.length < 6) {
    "Password is too short.";
  }
'Password is too short.'
```

值得注意的是，在代码清单2-6的操作中，比较表达式在if之后的括号中，比较之后进行的操作语句在大括号 {...}[⊖]内。除此之外，我们还遵循着一定的缩进规则，这不仅适用于JavaScript，还适用于其他编程语言，有了这种缩进规则，代码更易于编程者理解（见方框2-3）。

方框 2-3 代码规范化

本书中的代码示例（包括 REPL 中的代码）旨在将代码的可读性和可理解性最大化，并以这为准则来进行JavaScript代码的编写。无论是Node还是浏览器，在执行JavaScript代码的时候并不关心代码规范问题，但是良好的代码规范对于研发人员来说是相当重要的。

虽然对于不同的编程语言，代码规范不尽相同，但是总是有一些一般准则的，示例如下：

❑ 块结构前面的缩进：每当看到以大括号 { 开头的代码块，后面的代码行就要进行缩进，在有些编辑器里面，代码会进行自动缩进。

❑ 使用双空格进行缩进，这一操作模拟了 tab 键的操作效果。有的开发者甚至使用

⊖ 这种括号是类 C 语言的特征，即 JavaScript 是语法与 C 编程语言相似的语言。

4 或 8 个空格来进行缩进，但是我认为两个空格足以保证代码的稀疏规范性并且可以使代码块以直观的形式显示出来。

☐ 通过换行来展示逻辑结构，我个人更加偏向于在使用 let 和 const 进行声明之后利用换行来展示逻辑结构，这样能够更加直观地展示出已经配置好的基础数据，并指示开发者可以进行代码开发了。这个示例将在代码清单 4-6 中进行展示。

☐ 每行代码字符数应该限制在 80 以内。这是一个比较久远的代码规范，可以追溯到以 80 个字符宽度为限制的操作终端的早期。在现代的开发过程中，很多技术研发人员往往不遵守这一规定，大都是认为这个规则已经过时了，但是以我多年的开发经验来说，80 个字符宽度的限制是很实用的。在使用命令行程序时（比如在宽度要求更严格的文档中使用代码时，例如在书中使用代码），这一规则会节省你的时间。80 个字符作为一个行的中断也是一种提示，提示开发者应该引入新的变量并且将一个复杂的操作拆分成多个操作，以便后面的开发人员能够更好地理解代码的逻辑。

在本书的其余部分，我们将看到几个更为高级的代码格式规范示例。

为了强化代码规范，并以较好的代码风格进行编程，我将以与编码文件中相同的格式化准则来规范 Node REPL 中的代码，但是这并不意味着读者在实际的 REPL 中看到的就是这样的。

例如：Node REPL 在以大括号开始的新的代码块中会在代码行前面自动插入三个点 ...，如图 2-5 所示。这种差异并不会引起什么问题，读者应该依靠自身的技术熟练度（见方框 1-1）来鉴别 REPL 中的代码与实际系统中所展示出来的代码之间的差异。

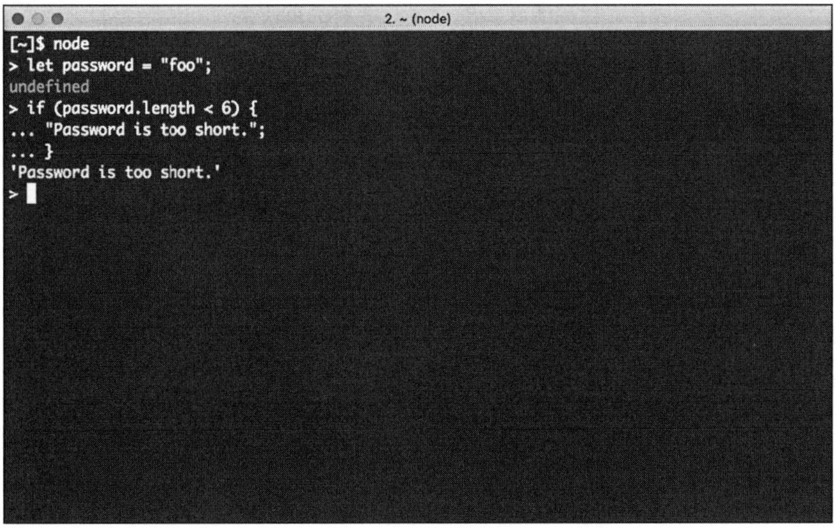

图 2-5　在 REPL 中展现的代码不一定遵循缩进约定

在 if-else 代码块中，如果先前的判断条件返回值为 false，那么默认将运行 else 代码块内的语句（如代码清单 2-7 所示）。

代码清单 2-7　if-else 的控制流语句

```
> password = "foobar";
> if (password.length < 6) {
    "Password is too short.";

} else {
  "Password is long enough.";
}
'Password is long enough.'
```

代码清单 2-7 中的第一行通过为密码分配一个新值来重新定义密码（不需要 let，因为它以前已经定义过）。重新分配后，密码变量的长度为 6，因此利用 password.length<6 进行判断时返回值为 false。所以没有获取到在 if 条件分支部分的值，因此 JavaScript 代码开始执行 else 条件分支的语句，并以 'Password is long enough.' 为结果进行展示。

2.4.1　逻辑组合和反转布尔

我们可以使用 &&（与）、||（或）和 !（非）等运算符来进行布尔操作。

首先介绍 && 运算符。当使用 && 来进行两个布尔值的组合表达式判断时，只有两个判断条件的取值都为真，组合表达式的判断结果才为真。举例来说：如果我说，我既想要炸薯条又想要烤土豆，那么只有在对"你想要炸薯条吗？"和"你想要烤土豆吗？"这两个问题都回答"是"（真）的情况下，整个表达式的输出结果才为真，由此表达式所产生的可能的结果我们称为 布尔表达式的真值表。&& 运算符的真值表如代码清单 2-8 所示。

代码清单 2-8　&& 运算符的真值表

```
> true && true
true
> false && true
false
> true && false
false
> false && false
false
```

我们可以在如代码清单 2-9 所示的条件下应用这个真值表。

代码清单 2-9　应用 && 运算符的示例

```
> let x = "foo";
> let y = "";
> if (x.length === 0 && y.length === 0) {
    "Both strings are empty!";
  } else {
    "At least one of the strings is nonempty.";
  }
'At least one of the strings is nonempty.'
```

在代码清单 2-9 中，变量 y 的长度为 0，但是变量 x 的长度并非 0，所以 && 表达式的输出值为 false（与代码清单 2-8 一致），从而 JavaScript 语句开始执行 else 分支的表达式。

不同于 && 运算表达式的是，|| 运算表达式在两个判断条件的其中一个值为真的情况下就会执行下面的语句。|| 的真值表如代码清单 2-10 所示。

代码清单 2-10　|| 的真值表

```
> true || true
true
> true || false
true
> false || true
true
> false || false
false
```

我们可以在代码清单 2-11 的条件下应用 || 运算表达式。

代码清单 2-11　应用或（||）表达式的条件

```
> if (x.length === 0 || y.length === 0) {
    "At least one of the strings is empty!";
  } else {
    "Neither of the strings is empty.";
  }
'At least one of the strings is empty!'
```

通过代码清单 2-10 的真值表可以看出，|| 运算的两个表达式并不是互斥的，这意味着两个运算表达式中的其中一个值为真的情况下，整个布尔语句的判断就为真。但是，这与口语中的用法不同，在口语中"我想要薯条或烤土豆"表示你只想要薯条或者烤土豆，但是并不是同时想要两者，而 || 则表示，要二者之一或者两者都要都是可以的。

除了 && 和 || 运算表达式，在 JavaScript 中还有 !（非）运算表达式。非运算表达式是将 true 转变为 false 或者将 false 转变为 true 的表达式，如代码清单 2-12 所示。

代码清单 2-12　!（非）运算的真值表

```
> !true
false
> !false
true
```

我们可以在代码清单 2-13 的情况下运用!（非）运算表达式。

代码清单 2-13　非运算的应用

```
> if (!(x.length === 0)) {
  "x is not empty.";
} else {
  "x is empty.";
}
'x is not empty.'
```

代码清单 2-13 中的代码是有效的 JavaScript 表达式，它仅仅否定了 x.length===0 的结果，其运算结果为 true：

```
> (!(x.length === 0))
true
```

在这种情况下，更为常见的是使用 !==（"不等于"）进行运算：

```
> if (x.length !== 0) {
    "x is not empty.";
  } else {
  "x is empty.";
  }
'x is not empty'
```

2.4.2 双非运算

并非所有的布尔值都是由比较结果运算得来的，其实，在 JavaScript 的代码中，每一个对象的值都可以是 true 或者 false，但是并非所有情况下我们都可以获得这种比较结果。我们可以通过 !!（双非）运算来强制 JavaScript 使用布尔运算，从而输出布尔运算结果，这是因为 ! 运算可以将运算结果在 true 和 false 之间进行转换，而 !! 运算则会使运算表达式返回最原始的布尔值（即进行了两次非运算）。

```
> !!true
true
> !!false
false
```

通过使用这个运算方式，我们可以看到像"foo"这样的字符串在布尔上下文中为真：

```
> !!"foo"
true
```

实际上，在布尔上下文⊖中，空值为 false：

```
> !!""
false
```

因此，我们可以通过省略长度比较（同时否定 x 和 y）来更紧凑地复写代码清单 2-9 中的代码，如代码清单 2-14 所示。

代码清单 2-14　使用条件强制转换的布尔上下文

```
> if (!x && !y) {
    "Both strings are empty!";
  } else {
    "At least one of the strings is nonempty.";
  }
'At least one of the strings is nonempty.'
```

2.4.3 练习

1. 如果变量 x 的值为"foo"，变量 y 的值为空字符串（""），那么 x&&y 表达式的运算

⊖ 这是一种因不同编程语言而异的细节。例如，在 Ruby 中，即使是空的字符串在布尔上下文中仍为 true。

结果是什么？通过使用双非运算符（！！）来验证 x&&y 为假。提示：当使用！！去运算复合表达式时，需要将全部的运算表达式包含在圆括号之内。

2. x||y 的运算结果又是什么呢？在布尔上下文之中又会输出什么结果呢？请运用 x||y 来重现代码清单 2-14 中的运算，并确保输出的结果相同。提示：在这里我们可以调换字符串的输出顺序。

2.5　方法

如 2.4 节所述，JavaScript 的字符串对象只有一个属性（长度），但是可以在多种方法[⊖]中使用这一属性。在面向对象编程语言中，特定字符串或字符串实例被称为特定方法的"响应"，使用 1.3.1 节中首次出现的点符号来表示。

例如，字符串响应实例方法 toLowerCase()，该方法将字符串内字母全部转换为小写字母。

```
$ node
> "HONEY BADGER".toLowerCase();
'honey badger'
```

这种方法在某些场景下是很有用的，例如当我们将电子邮件中的字母全部标准化为小写字母时[⊜]。

```
> let username = firstName.toLowerCase();
> `${username}@example.com`;   //示例电子邮件地址
'michael@example.com'
```

注意，与 length 属性不同，即使没有参数在调用方法时也需要传递参数。因此要在方法后面加上 ()——toLowerCase 在调用的时候可以不传递任何的参数。还要注意，官方 JavaScript 字符串方法遵循我们在 2.2 节中介绍的"驼峰命名法"（CamelCase），但是方法的首字母要以小写字母开头。

```
toLowerCase()
```

JavaScript 同样也可以将字符串的全部内容转换成大写字母，在参考下面的示例之前，读者是否可以猜想到将字符串字母全部转换为大写字母（如图 2-6 所示）[⊜]的方法。

读者一定猜到了正确的答案：

```
> lastName.toUpperCase();
'HARTL'
```

能够将答案猜出代表着读者的技术已经在走向成熟，如方框 1-1 中所示的那样。另外

⊖ 回想第 1.3.1 节，方法是一种特殊类型的函数，一种附加到对象并使用点符号调用的函数。

⊜ 如果退出并重新进入 Node 控制台，firstName 就是被定义过的变量了，这是因为被定义的变量并不会由一个 session 转移到另外一个 session 中，也就是在 session 之间变量并不会被缓存，当开发者遇到这种情况的时候，就要靠方框 1-1 中介绍的技术熟练度了。

⊜ 图片由 arco1/123RF 提供。

的一个技能是使用技术文档，Mozilla 开发者网页有许多关于字符串对象的有用的字符串实例方法[⊖]，让我们看看其中的一些方法（如图 2-7 所示）。

图 2-6　早期的排版人员将大写字母放在"上面的盒子"，小写字母放在"下面的盒子"

Methods

Methods unrelated to HTML

`String.prototype.charAt()`
　　Returns the character (exactly one UTF-16 code unit) at the specified index.

`String.prototype.charCodeAt()`
　　Returns a number that is the UTF-16 code unit value at the given index.

`String.prototype.codePointAt()`
　　Returns a nonnegative integer Number that is the code point value of the UTF-16 encoded code point starting at the specified index.

`String.prototype.concat()`
　　Combines the text of two strings and returns a new string.

`String.prototype.includes()`
　　Determines whether one string may be found within another string.

图 2-7　JavaScript 的一些字符串方法

⊖　你可以直接访问 MDN 网站 (https://developer.mozilla.org/enUS/docs/Web/JavaScript) 找到此类页面，但我几乎总是通过谷歌搜索"JavaScript 字符串"来查找这个页面。

我们在图 2-7 中的方法底部看到一些代码，如下所示：

```
String.prototype.includes()
```

代码下面是简要描述。String.prototype 在这里是什么意思？我们将在第 7 章中找到确切的答案，但真正的答案是我们不必确切地知道这个使用文档上的代码意味着什么。选择性无知是典型的技术成熟标志。

单击 String.prototype.includes() 的链接并向下滚动，显示了一组示例（如图 2-8 所示）。注意，正如 2.2 节所阐述的那样，使用 var 来代替 let 是非常常见的，能够兼容这些差异也是技术成熟的又一个表现。

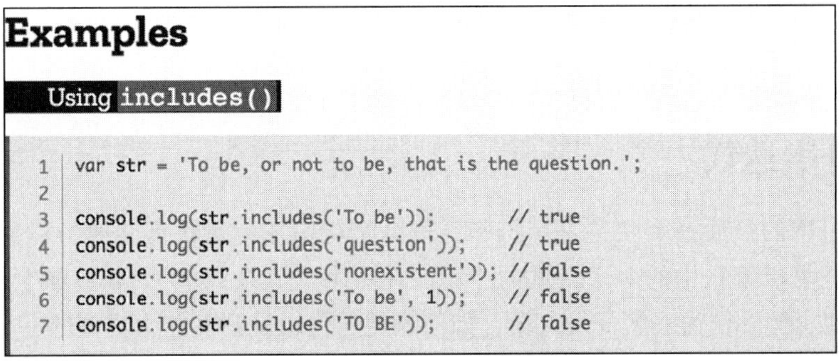

Examples

Using `includes()`

```
1  var str = 'To be, or not to be, that is the question.';
2
3  console.log(str.includes('To be'));       // true
4  console.log(str.includes('question'));    // true
5  console.log(str.includes('nonexistent')); // false
6  console.log(str.includes('To be', 1));    // false
7  console.log(str.includes('TO BE'));       // false
```

图 2-8　字符串 includes() 方法示例

让我们使用图 2-8 所示的示例，并进行以下修改：

1. 使用 let 代替 var；

2. 用 soliloquy 代替 str；

3. 使用双引号字符串而不是单引号字符串；

4. 将引号改为使用冒号，如原来的一样；

5. 省略 console.log 的使用；

6. 省略当前的注释，同时添加一些我们自己的注释。

Node REPL 中的结果如代码清单 2-15 所示。

代码清单 2-15　问题在于包含与否

```
> let soliloquy = "To be, or not to be, that is the question:";
> soliloquy.includes("To be");        // 是否包括子字符串 "To be"？
true
> soliloquy.includes("question");     // "question" 呢？

true
> soliloquy.includes("nonexistent");  // 这个字符串没出现
false
> soliloquy.includes("TO BE");        // 字符串区分大小写
false
> soliloquy.includes("To be", 1);     // 你能猜出这句的意思吗？
false
```

```
> soliloquy.includes("o be,", 1);     // 上一个的提示
true
```

在代码清单 2-15 的代码行中，读者无法进行判断的可能在于最后两行。在本节的练习中，你将找到这个解决方案，同时还可以了解到一些常见的字符串方法的指针。

练习

1. 编写 JavaScript 代码，在不考虑大小写的情况下测试字符串"hoNeY BaDGer"中是否包含字符串"BaDGer"。

2. 对任何整数 i 来说，includes（string，i）表示什么？提示：JavaScript 从 0 开始计数，而不是从 1 开始。

2.6　字符串迭代

关于字符串的最后一个主题是字符串迭代，字符串迭代每次都会遍历对象中的一个元素。迭代是计算机编程中的一个常见的主题，在本书的其余章节（3.5 节和 5.4 节）我们会看到一些其他示例。作为一名开发人员，如何避免迭代也是开发能力提高的一个标志（如第 6 章和 8.5 节所述）。

对于字符串，我们将学习如何一次迭代一个字符。要完成这个操作有两个先决条件。首先，我们需要了解如何访问一个字符串中的指定字符。其次，我们要了解如何创建一个循环。

我们可以通过查询 String 方法列表（http://developer.mozilla.org/en-US/docs/Web/JavaScript/Reference/Global/String）来了解如何访问特定的字符串字符，其中包含以下内容：

```
String.prototype.charAt()
Returns the character (exactly one UTF-16 code unit) at the specified index.
```

深入学习文档中的方法（https://developer.mozilla.org/en-US/docs/Web/JavaScript/Reference/Global_Objects/String/charAt），我们可以在示例中学习到 charAt 和"index"的含义。我们通过使用 2.5 节中的 soliloquy 字符串来进行示例说明，如代码清单 2-16 中所示。

代码清单 2-16　了解 charAt

```
> console.log(soliloquy);     // 只是提醒一下字符串是什么
To be, or not to be, that is the question:
> soliloquy.charAt(0);
'T'
> soliloquy.charAt(1);
'o'
> soliloquy.charAt(2);
' '
```

我们在代码清单 2-16 中看到，charAt(0) 返回第一个字符，charAt(1) 返回第二个字符，

依此类推。每个数字 0、1、2 等都称为索引。

现在来进行循环的第一个例子，我们定义一个 for 循环，在循环内我们定义索引 i 并让其递增，直至达到最大的索引值（如代码清单 2-17 所示）。

代码清单 2-17　一个简单的 for 循环

```
> for (let i = 0; i < 5; i++) {
  console.log(i);
}
0
1
2
3
4
```

这种循环在各式各样的编程语言中很常见，从 C 和 C++ 到 Java、Perl、PHP 和 JavaScript 中，这种循环的语法只有细微的变化。代码清单 2-17 显示了在使用 let 创建 i 变量并将其设置为 0 之后，索引变量如何递增 1，直到它达到 5，此时 i<5 这个条件判断返回一个 false 值，循环停止。其中，i++ 是一个递增语句，每次执行该语句的时候都会使 i 值递增 1。

如果读者认为代码清单 2-17 中的代码很令人困惑或者很不规范，那么说明你有一个好的编程习惯。我认为尽可能避免使用 for 循环是一个良好的编程习惯，我个人更倾向于使用 forEach 循环（在 5.4 节中将进行详尽的解释）或者完全使用函数式编程来避免循环的出现（在第 6 章和 8.5 节中将进行详尽的解释）。这正如计算机科学家迈克·瓦尼尔在给保罗·格雷厄姆的电子邮件中所说的那样：

这种乏味的重复过一段时间就会使你疲惫不堪；如果我每次用 C 写 "for(i=0;i<N;i++)" 都有一分钱，我就会成为百万富翁。

值得注意的是，迈克电子邮件中的 for 循环语法与代码清单 2-17 中的几乎相同，唯一的区别是缺少 let 和使用 N，从上下文中我们可以得出 N 表示循环索引的上界。

在本书的第 6 章我们将学到如何避免陷入循环困境，但是在目前的程度下，只能完成代码清单 2-17 所示的方式。

我们将通过代码清单 2-16 与代码清单 2-17 所示的方法来遍历哈姆雷特的著名独白中第一行的所有角色名称。我们唯一需要确定的就是停止循环的索引。在代码清单 2-17 中，我们通过 i<5 来硬编码了循环的上限，在这里我们也可以根据需要来进行相同的操作。不过，soliloquy 变量的长度有点长，并不方便进行手动计算，所以我们通过 JavaScript 的长度属性来获取变量的长度（在 2.4 节中进行了详尽的解释）：

```
> soliloquy.length
42
```

依据以上结果，可以编写如下代码：

```
for (let i = 0; i < 42; i++) {
  console.log(soliloquy.charAt(i));
}
```

这段代码是可行的，它与代码清单 2-17 非常相似，但它也提出了一个问题：当我们可以在循环本身中使用长度属性时，为什么还要硬编码长度？

答案是我们不应该这样操作，在循环时，我们会尽可能地使用长度属性，基于此改进的 for 循环如代码清单 2-18 所示。

代码清单 2-18　charAt 和 for 循环的组合示例

```
> for (let i = 0; i < soliloquy.length; i++) {
  console.log(soliloquy.charAt(i));
}
T
o

b
e
.
.
.
t
i
o
n
:
```

如上所述，虽然这种不太好的循环是帮助我们学习循环语句的一个好的开端，但是我们仍要尽可能地避免使用 for 循环。正如我们将在第 8 章学到的，我们将为所需实现的功能编写一个测试程序，我们的程序将以各种方式通过这个测试程序，之后我们再以更巧妙的方法进行代码重构。在这个过程中我们还需要进行测试驱动开发（TDD），它通常是指编写易于理解的代码，for 循环就很适合用来编写这种代码。

练习

1. 使用 let 定义一个变量 N，使其值等于 soliloquy 的长度，请通过编写代码验证迈克·瓦尼尔的 for 循环与在 JavaScript 中的 for 循环无论在代码编写还是实现机制上都完全相同。（注意：有时可以通过省略 let 来进行验证）

2. 读者可以用文字括号表示法替换代码清单 2-18 中的 charAt 方法，如：soliloquy[i]。

数 组

在第 2 章中,我们了解到字符串是按特定顺序排列的字符序列。我们在本章中将学习一种新的数据类型——数组。数组是一种可以按照特定顺序存储任意元素的 JavaScript 容器。我们将通过 3.1 节学习数组分割方法,据此来了解字符串和数组之间的关联,我们将在本章的其余部分学习数组的其他方法。

3.1 分割 split()

到目前为止,我们已经花了大量的时间来学习字符串,现在我们学习一种将字符串分割为数组的 split() 方法:

```
> "ant bat cat".split(" ");        // 将字符串分割为 3 个数组元素
[ 'ant', 'bat', 'cat' ]
```

从以上操作结果中我们可以看到,split() 方法返回了在原始字符串中用空格隔开的字符串组成的字符串列表。

通过空格来拆分字符串是一种比较常见的操作,同时,我们也可以通过其他符号来拆分字符串:

```
> "ant,bat,cat".split(",");
[ 'ant', 'bat', 'cat' ]
> "ant, bat, cat".split(", ");
[ 'ant', 'bat', 'cat' ]
> "antheybatheycat".split("hey");
[ 'ant', 'bat', 'cat' ]
```

甚至,我们可以用空字符串来拆分字符串,将字符串拆分为组成它的单个字符:

```
> "badger".split("")
[ 'b', 'a', 'd', 'g', 'e', 'r' ]
```

我们将在 5.3 节中经常使用这一操作方法，到时我们还将了解使用这一操作的限制范围。最后需要提醒读者的是，我们将在 4.3 节中讲到支持拆分正则表达式的操作。

练习

1. 用 a 分割字符串 "a man，a plan，a canal，Panama"，生成的数组有多少个元素？
2. 请读者猜想一下原地还原出 a 的方法。（必要时可以在网上搜索。）

3.2 访问数组

通过 split() 方法了解到字符串和数组之间的关联后，我们将对这一连接进行更为深入的了解。首先，我们为使用 split() 方法拆分创建的字符数组分配一个变量：

```
> let a = "badger".split("");
```

我们可以使用各种编程语言通用的方括号 [ ] 来访问数组 a 中的指定元素，如代码清单 3-1 所示。

代码清单 3-1　通过方括号访问数组元素

```
> a[0];
'b'
> a[1];
'a'
> a[2];
'd'
```

代码清单 3-1 的操作看起来是不是有点熟悉？这与我们在代码清单 2-16 所示的 String#charAt 方法中看到的字符和数字索引之间的基本关系相同（代码清单 2-16 中前一句内的符号表示 charAt 是一个实例方法，即字符串实例上的方法）。事实上，方括号是直接作用于字符串的。

```
> "badger"[0];
'b'
> "badger"[1];
'a'
```

从代码清单 3-1 中可以看到，同字符串的索引表示法一样，数组的索引也遵循零偏移规律，这意味着数组中第一个元素的索引为 0，而第二个元素的索引为 1，以此类推。但是这种约定又带有一定的迷惑性，事实上，我们通常将零偏移数组的初始元素称为第 0 个元素，以此来提醒数组的索引是从 0 开始的。当遇到在 xkcd 漫画 " Donald Knuth "（https://m.xkcd.com/163/）⊖中所展示的，以 1 开始索引数组的复杂开发语言的时候，开发者同样会

⊖ 这个特殊的 xkcd 条带的名字来自著名计算机科学家 Donald Knuth，他是 *The Art of Computer Programming* 一书的作者，也是 TEX 排版系统的创建者，该系统用于编写许多技术文档，包括本书。

感到困惑。

到目前为止，我们只处理了字符数组，但是 JavaScript 数组是可以包含所有类型的元素的数组：

```
> a = ["badger", 42, soliloquy.includes("To be")];
[ 'badger', 42, true ]
> a[2];
true
> a[3];
undefined
```

从上面的示例中我们可以看到，在由不同数据类型元素组成的数组中，我们依然可以通过方括号表示法来访问数组中的指定元素。我们还可以看到，当利用方括号表示法访问数组定义范围之外的元素时，返回 undefined（这是之前我们曾在图 2-3 的 console.log 中看到过的值）。如果读者拥有一定的编程基础，可能会对这一返回值感到惊讶，这是因为在许多编程语言中，访问超出数组范围的元素通常会报错，但是 JavaScript 在这方面更为宽松。

练习

1. 编写一个 for 循环，打印出以空字符串拆分"honey badger"得到的字符。
2. 读者是否能猜到布尔上下文中 undefined 的值？请使用！！来确认。

3.3　数组分片 slice()

除了 3.2 节提到的访问数组的方法，JavaScript 还提供一种一次可以访问多个数组元素的数组分片方法 slice()。为了方便我们在 3.4 节学习数组排序方法，我们来重新定义一个只含有数字元素的数组 a。

```
> a = [42, 8, 17, 99];
[ 42, 8, 17, 99 ]
```

最简单的数组分割方法就是只传入一个参数，那么 slice() 方法就会返回以该参数为索引到数组末尾的所有元素。例如，对于只有四个元素的数组，slice(1) 就会返回第 2、3、4 个元素（需要注意的是，第一个或最初的元素的索引都为 0）。

```
> a.slice(1);
[ 8, 17, 99 ]
```

slice() 方法也接受传入两个参数：

```
> a.slice(1, 3);
[ 8, 17 ]
```

slice() 方法提供了一种更为简便的访问数组中最后一个元素的方法。数组和字符串一样，都具有 length 属性，因此我们可以通过以下方式来获取数组的最后一个元素：

```
> a.length;
4
> a[a.length-1];
99
```

但是在变量名比较长的时候，这种操作可能直观看起来会显得比较混乱，尤其是在定义了大量变量的大型项目中：

```
> let aMuchLongerArrayName = a;
> aMuchLongerArrayName[aMuchLongerArrayName.length - 1];
99
```

因此，我们通常使用另外一种通过 slice() 来获取数组中最后一个元素的方法，使用负数作为索引，即从数组的末尾开始计数：

```
> aMuchLongerArrayName.slice(-1);
[ 99 ]
```

下面是一个只包含一个元素的数组，我们可以通过方括号直接将数组元素选中并展示出来：

```
> aMuchLongerArrayName.slice(-1)[0];
99
```

最后一种常见的情况是，访问并删除数组中的最后一个元素，这将在 3.4.2 节中阐述。

练习

1. 定义一个由数字 1 ~ 10 组成的数组，通过 slice() 方法和 length 属性来获取数组中的第三个元素到最后一个元素。完成前面的练习后，请读者通过负数索引来完成这一练习。

2. 验证字符串也支持使用 slice() 方法从字符串 "ant bat cat" 中获取 bat 元素。（这可能需要读者多做一些操作才能够获取正确的索引。）

3.4　更多数组操作方法

除了 3.3 节介绍的 slice() 方法外，还存在许多数组操作方法，读者可以通过访问官方文档来获取相应操作方法的详细信息。

与字符串一样，数组也支持使用 includes() 方法来检测数组中是否包含某个元素：

```
> a;
[ 42, 8, 17, 99 ]
> a.includes(42);        // 元素包含检测
true
> a.includes("foo");
false
```

3.4.1　sort() 和 reverse()

在 JavaScript 中我们可以通过 sort() 方法来实现数组排序，相较于 C 语言中的排序方法，JavaScript 中的数组排序方法更为简便：

```
> a.sort();
[ 17, 42, 8, 99 ]
> a;                     // a 在使用数组排序方法后已经被改变了
[ 17, 42, 8, 99 ]
```

在这里读者可能会感到奇怪，那就是数组排序后 17 排到了 8 的前面，这是因为 JavaScript 不是根据数组元素的数值进行排序的，而是根据"字母表顺序"进行排序的，因为在计算机使用的 ACSII 表中，1 排在 8 的前面，所以 17 就排到了 8 的前面。（我们将在第 5 章学习如何将由数字元素组成的数组按数值大小进行排序）。

另外一种有用的方法是 reverse()，我们将从 5.3 节回文算法主题中对这一操作方法进行更多的应用。

```
> a.reverse();
[ 99, 8, 42, 17 ]
> a;                          // 与 sort() 一样，reverse() 也使数组发生了变化
[ 99, 8, 42, 17 ]
```

就如在注释中看到的那样，a.sort() 和 a.reverse() 等方法会改变数组，这是执行相应的操作后产生的变化。不同的编程序言在类似的操作后可能会产生不同的结果，因此读者在使用其他编程语言的类似方法时要注意区别。

3.4.2　push() 和 pop()

push() 和 pop() 是数组方法中用得比较多的一对，通过 push() 方法来实现在数组的末尾添加一个元素，而通过 pop() 方法则可以删除数组末尾的元素。

```
> a.push(6);                   // push() 操作数组后返回改变后的新数组的长度
5
> a;
[ 99, 8, 42, 17, 6 ]
> a.push("foo");
6
> a;
[ 99, 8, 42, 17, 6, 'foo' ]
> a.pop();                     // pop() 操作数组后，返回新数组本身
'foo'
> a.pop();
6
> a;
[ 99, 8, 42, 17 ]
```

正如注释中所述的那样，pop() 操作最终返回的是移除最后一个元素的新数组本身，但是 push() 操作返回的则是数组的长度，这是一种类似于堆栈溢出的操作。

有了以上基础，我们就可以对 3.3 节中获取数组最后一个元素的另一种方法进行分析了。pop 可以帮助我们获取数组的最后一个元素，但是这种操作会改变数组，如果只是要获取数组的最后一个元素而不介意是否改变原数组，那么推荐这种操作：

```
> let lastElement = a.pop();
> lastElement;
17
> a;
[ 99, 8, 42 ]
> let theAnswerToLifeTheUniverseAndEverything = a.pop();
```

3.4.3　join()

我们介绍的最后一个数组操作方法是 join()，这同我们在 3.1 节中介绍的操作方法组成了一个闭环。split() 方法将字符串拆分为数组元素，join() 方法则与之相反，它将数组元素合并为一个字符串（如代码清单 3-2 所示）。

代码清单 3-2　join() 的使用方法

```
> a = ["ant", "bat", "cat", 42];
[ 'ant', 'bat', 'cat', 42 ]
> a.join();                        // 用默认连接（逗号）
'ant,bat,cat,42'
> a.join(", ");                    // 用逗号 – 空格连接
'ant, bat, cat, 42'
> a.join(" -- ");                  // 用双短线连接
'ant -- bat -- cat -- 42'
> a.join("");                      // 用空格连接
'antbatcat42'
```

注意，42 是一个整数类型数据，但是在拼接过程中会被自动转换为字符串类型。

3.4.4　练习

1.split() 和 join() 方法几乎是互逆操作，但也不是完全相反。使用 ==（不是 ===）确认代码清单 3-2 中的 a.join(" ").split(" ") 操作后的数组和原始数组 a 是否相同。

2. 请查阅数组的操作手册，了解如何通过 push() 在数组前面添加元素，或者如何通过 pop() 从数组前面删除元素，这些操作可能需要花费读者比较多的时间去探究。

3.5　数组迭代

应用最多的数组操作之一就是遍历数组，我们通过遍历数组来对数组中的不同元素执行不同的操作。数组遍历与 2.6 节中讲到的字符串遍历不管是在听起来还是在实际操作上几乎完全相同。我们唯一需要做的就是将代码清单 2-18 中执行 for 循环的对象由字符串换成数组。

我们可以重写字符串遍历，并将遍历出的元素通过 3.2 节中讲到的括号访问表示法进行展示。代码清单 2-15 中定义的 soliloquy 字符串的遍历结果如代码清单 3-3 所示。

代码清单 3-3　字符串的 for 循环

```
> for (let i = 0; i < soliloquy.length; i++) {
  console.log(soliloquy[i]);
}
T
o

b
e
.
.
```

```
.
t
i
o
n
:
```

代码清单 3-3 的循环结果与代码清单 2-18 中的完全相同。

通过上面的例子，读者可能已经明确如何进行数组遍历操作了。我们唯一需要做的就是将 soliloquy 字符串替换成数组 a，而其余部分的代码则不需要做任何的改动。数组的 for 循环如代码清单 3-4 所示。

代码清单 3-4　数组的 for 循环

```
> for (let i = 0; i < a.length; i++) {
    console.log(a[i]);
  }
ant
bat
cat
42
```

在这里值得注意的是，迭代索引变量 i 在两个 for 循环中都出现了。如果读者完成了 2.2.2 节中的练习，可能会注意到我们之前提过，重新定义已经使用 let 声明的变量一般会导致报错，那么我们为什么还能够在这两个 for 循环中复用 i 变量呢？

这是因为，在 for 循环中，变量的作用域仅仅限于循环内部，并且在循环结束后就会被释放掉。

虽然通过 for 循环来进行数组迭代是很简单的，但是这并不是进行数组迭代的最佳方式，迈克·瓦尼尔仍然不会愿意去使用 for 循环。我们将在 5.4 节中学习到一种更为简便的数组迭代方法，并在第 6 章学习完全避免迭代的方法。

练习

1. 显示在 for 循环执行前，标识符 i 都是未定义的。（读者在进行这一部分操作时可能需要退出并重新进入控制台。）

2. 在循环时定义一个累加器变量 total，以此用来累计代码清单 3-4 中遍历出来的所有元素。读者可以使用代码清单 3-5 中的循环框架，将注释替换成正确的代码，然后将 total 的值与 a.join(" ") 的值进行比较，并查看比较结果。

代码清单 3-5　计算 total 的框架

```
> let total = "";
> for (let i = 0; i < a.length; i++) {
    // 设置 total 为当前运行的 total 加上当前元素
  }
```

Chapter 4 第 4 章

其他原生对象

目前我们已经学习了字符串和数组，接下来我们将继续学习在 JavaScript 中的其他比较重要的原生对象：Math、Date、正则表达式 RegExp 以及一般通用型对象。

4.1 Math 和 Number 对象

与大多数编程语言一样，JavaScript 同样支持大量的数学运算操作。

```
> 1 + 1;
2
> 2 - 3;
-1
> 2 * 3;
6
> 10/5;
2
> 2/3;
0.6666666666666666
```

在这里值得注意的是，最后一个表达式的结果并不是很准确，因为 2/3 的结果是一个浮点数，而计算机很难准确地将一个浮点数表示出来。其实，在 JavaScript 中只有一种数字类型，即使是 1 或者 2 这种整数，在 JavaScript 中也会被视为隐藏的浮点数。这种表示方法使得程序员在开发过程中不必区分不同数字类型$^{\ominus}$，在使用上是很方便的。

包括我在内的许多程序员应该都发现在我们需要计算数值的时候，启动 REPL 并将其作为一个简便的计算器使用是很方便的。这种操作并不麻烦，反而相对来说更为快速便捷，

$\ominus$ 与 JavaScript 不同，许多编程语言会区分整数和浮点数，因此会出现 1.0/2.0 预期输出 0.5，而 1/2 的输出是 0。

定义变量的能力也经常派上用场。

4.1.1　更高级的操作

Math 是一种 JavaScript 的全局单例内置对象，JavaScript 通过 Math 来进行更为高级的数学运算操作。Math 具有一些常量特性，以及可以进行幂次运算[⊖]、求根运算、三角函数运算等操作。

```
> Math.PI
3.141592653589793
> Math.pow(2, 3);
8
> Math.sqrt(3)
1.7320508075688772
> Math.cos(2*Math.PI)
1
```

JavaScript 在求对数时使用 log 方法，这对于一些在高中和大学阶段使用 ln 来求自然对数的读者来说，可能会因为过往的习惯而导致一些错误的出现，但 JavaScript 这一求对数的操作方法是类似于其他大多数编程语言的。

```
> Math.E;
2.718281828459045
> Math.log(Math.E);
1
> Math.log(10);
2.302585092994046
```

数学家通常使用 log10 表示基数为 10 的对数，同样，JavaScript 也遵循 log10 原则：

```
> Math.log10(10);
1
> Math.log10(1000000);
6
> Math.log10(Math.E);
0.4342944819032518
```

Math 文档包含更全面的数学使用方法。

4.1.2　Math 转 String

我们在第 3 章讨论过如何通使用 split() 和 join() 方法将字符串转为数组（反之亦然）。类似地，JavaScript 还支持数字和字符串之间互相进行转换的操作。

toString() 方法是最为常见的将数字转换为字符串的方法，正如我们从这个有用的定义（http://tauday.com/tau-manifesto）中看到的，如图 4-1[⊜]所示。

⊖　对带有两个星号 ** 的求幂运算正在进行中，但截至本文撰写时，尚未普遍实现。

⊜　我在 2010 年发表的一篇数学论文《金牛座宣言》中提出用 τ 来表示圆常数 6.283185…，为了纪念这篇论文，还专门建立了一个在每年 6 月 28 日庆祝的纪念日，叫作金牛座日（https://tauday.com/）。

```
> let tau = 2 * Math.PI;
> tau.toString();
'6.283185307179586'
```

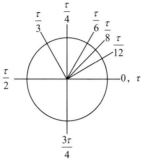

图 4-1 $\tau = 2\pi$ 的一些特殊角度

toString() 方法无法处理整数：

```
> 100.toString();
100.toString();
^^^^

SyntaxError: Invalid or unexpected token
```

但是如果使用一个额外的点来处理这个整数，那么 JavaScript 就会把这个数字当作一个浮点数，从而就可以进行进一步的操作了。

```
> 100.0.toString()
'100'
```

这种操作可能并不妥当，严格来说，100.0 对应的字符串应该为"100.0"，但是 JavaScript 缺少整数数据类型，因此我们会得到以上结果。

另外一种将原始数字转换为字符串的方法是使用 String 数据对象：

```
> String(100.0);
'100.0'
> String(tau);
'6.283185307179586'
```

从第二个示例中，我们可以看到 String 对象也可以对变量进行处理。

这种将数字转换为字符串的方法与直接使用 Number 数据对象将字符串转换为数字的方法基本上是互逆的。

```
> Number("6.283185307179586");
6.283185307179586
> String(Number("6.283185307179586"));
'6.283185307179586'
> Number('1.24e6')
1240000
```

在上面的最后一行数据中我们可以看到，JavaScript 是支持使用科学记数法来表示数字的。

```
> 1.24e6
1240000
```

4.1.3 练习

1. 读者是否可以猜到 String(Number('1.24e6')) 表达式的返回值？请使用 Node REPL 进行确认。

2. 与大多数编程语言一样，JavaScript 不支持虚数，即这个虚数是虚数单位 i 的实数倍（满足等式 $i^2 = -1$，有时也可以写成 $i = \sqrt{-1}$）。JavaScript 中对 −1 求平方根的值是多少？请读者进行猜想，必要时可以通过谷歌搜索来对这个值进行探究，并对其布尔值进行探究。

4.2 Date

另外一个常用的内置对象是 Date，它表示一个时间点。

Date 对象为 new 函数提供了一个使用场景。new 函数也称为构造函数，这是 JavaScript 中创建一个新对象的标准方法。到目前为止，我们已经能够通过引号和方括号等字面量表示法来创建字符串、数组、字符串数组等，今后我们还可以通过使用构造函数来创建字符串和数组。

```
> let s = new String("A man, a plan, a canal—Panama!");
> s;
[String: 'A man, a plan, a canal—Panama!']
> s.split(", ");
[ 'A man', 'a plan', 'a canal—Panama!' ]
```

和

```
> let a = new Array();
> a.push(3);
1
> a.push(4);
2
> a.push("hello, world!");
3
> a;
[ 3, 4, 'hello, world!' ]
> a.pop();
'hello, world!'
```

与字符串和数组不同，Date 不能通过字面量形式进行创建，因此在本例中我们使用 new 来创建 Date 对象：

```
> let now = new Date();
> now;
2022-03-16T19:22:13.673Z
> let moonLanding = new Date("July 20, 1969 20:18");
> now - moonLanding;
1661616253673
```

这里获得的计算结果是自第一次登月的时间和日期以来的毫秒数。当然，读者获取的结果可能跟本例并不相同，这是因为随着时间的推移，通过 new Date() 获得的值会有所不同。

与其他 JavaScript 对象一样，Date 对象支持使用多种方法：

```
> now.getYear();        // 给出了一个奇怪的答案
122
> now.getFullYear();    // 这才是我们想的输出结果
2022
> now.getMonth();
2
> now.getDay();
3
```

上面例子中第一行的输出结果可能会让人感到困惑，因此我们必须仔细检查 JavaScript 的输出值。

像月和日这样的值在 JavaScript 中是通过索引值来返回的，并且它们遵循零偏移规律。比如，第 0 个月是 1 月，第 1 个月是 2 月，第 2 个月是 3 月等。

国际标准中星期一是一周的第一天，但是 JavaScript 却遵循美国的惯例，将星期日作为一周的第一天。我们可以创建一个包含星期名称的字符串数组，然后通过使用 getDay() 作为数组的索引（3.2 节中介绍的），通过数组 [now.getDay()] 来获得当天的星期名称。

```
> let daysOfTheWeek = ["Sunday", "Monday", "Tuesday", "Wednesday",
                       "Thursday", "Friday", "Saturday"];
> daysOfTheWeek[now.getDay()];
'Wednesday'
```

当然，除非读者恰好周三看到这一节，否则获取到的结果会有所不同。

让我们增加一周中的某一天定制的问候语来更新网页作为本节的最后一个练习，其代码如代码清单 4-1 所示，结果如图 4-2 所示。

代码清单 4-1　增加一周中的某一天定制的问候语

index.html

```html
<!DOCTYPE html>
<html>
  <head>
    <title>Learn Enough JavaScript</title>
    <meta charset="utf-8">
    <script>
      const daysOfTheWeek = ["Sunday", "Monday", "Tuesday", "Wednesday",
                             "Thursday", "Friday", "Saturday"];
      let now = new Date();
      let dayName = daysOfTheWeek[now.getDay()];
      alert(`Hello, world! Happy ${dayName}.`);
    </script>
  </head>
  <body>

  </body>
</html>
```

注意，代码清单 4-1 在定义 daysOfTheWeek 变量时使用 const 来进行定义而不是 let。

```
const daysOfTheWeek = ["Sunday", "Monday", "Tuesday", "Wednesday",
                       "Thursday", "Friday", "Saturday"];
```

图 4-2 今天定制的问候语

这里，const 表示常量的缩写，我们通过 const 来为值不变⊖的变量进行定义。有的开发者会在定义变量的时候尽可能地使用 const 来代替 let，但是我在定义变量的时候更偏向于使用 let 进行定义，而使用 const 来声明一个不变的值。

练习

1.读者可以创建一个新的 Date 对象，并将自己的生日（包括年份）作为参数来传递给这个对象，由于 JavaScript 支持多种不同的日期格式，因此可以输出任何读者想要的日期格式。这是一个很有趣的练习，请读者自行尝试。

2.读者是在登月之后的多少秒出生的？（也许读者是在登月之前出生的，多么幸运！如果是这样的话，我希望读者能在电视上看到登月这一伟大的历史时刻。）

4.3 正则表达式

JavaScript 同样支持使用正则表达式，我们通常将其简称为 regexes 或者 regexps。正则表达式是一种用于匹配文本模式的强大语言。完全掌握正则表达式或许不止超出了本书的

⊖ 从技术上讲，const 创建了一个不可变的绑定关系，即变量的名称不能更改，但值可以更改。但是，使用 const 创建变量并定义其值，是一种不好的做法，应该避免这种做法，以防止混淆。

范围，甚至超出了人类的能力范围，好在有许多学习正则表达式的资源，以帮助读者逐步了解正则表达式。（比如在 *Learn Enough Command Line to Be Dangerous* 中的"Grepping"和 *Learn Enough Text Editor to Be Dangerous* 中的全局查找替换方法等，就提到了一些此类资源。）在这里，最重要的是要了解正则表达式的一般性概念，读者可以边学边对其进行详细的了解。

正则表达式是出了名的简洁和容易出错，正如程序员杰米·扎温斯基所说：有些人在遇到类似问题时会想"我知道，我会使用正则表达式。"现在他们有两个问题。

幸运的是，像 regex101 这样的 Web 应用程序（https://regex101.com/）大大地改善了这种现状，它使我们能够交互式地构建正则表达式，如图 4-3 所示。此外，这些资源通常包含一个快速引用，以便于我们查找匹配到特定模式的代码，如图 4-4 所示。

如果仔细查看图 4-3，可以在左侧的菜单中看到，我们已经为 regex 输入格式选择了"javascript"。这种设置可以帮助我们在本书中使用跟当前开发语言匹配更精确的正则表达式。实际上，正则表达式在不同编程语言的表达式上差别并不大，但还是建议读者在使用的时候为其选定对应的编程语言，并当正则表达式在不同语言之间移植时仔细检查。

让我们看看 JavaScript 中的一些简单正则表达式匹配。我们的示例将兼顾正则表达式方法和专门用于正则表达式的字符串方法。（这是因为后者在实践中通常更方便。）

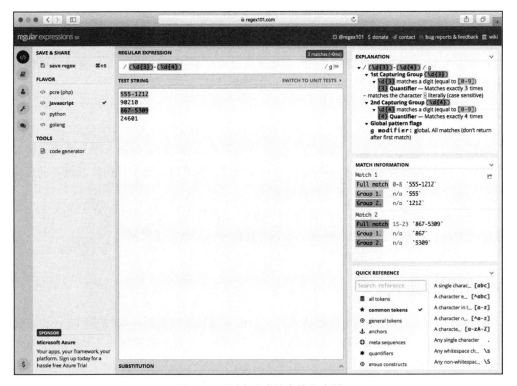

图 4-3　正则表达式的在线生成器

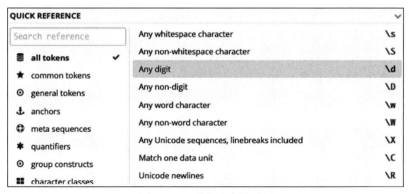

图 4-4 正则表达式的引用

4.3.1 Regex 方法

一个最为基础的正则表达式由匹配特定模式的字符序列组成，我们通过创建 RegExp 对象的 new 函数（4.2 节中提到）来构造一个新的正则表达式。例如，这里有一个匹配标准美国邮政编码的正则表达式（见图 4-5）[⊖]，它由一行五位数字组成：

```
> let zipCode = new RegExp("\\d{5}");
```

这里 \d 表示 0 ～ 9 之间的任何数字，在表达式中我们需要第一个反斜杠来转义第二个反斜杠，以便我们在字符串中获得一个字面反斜杠。（我们将在 4.3.2 节中看到如何使用字面正则表达式构造函数来避免这种转义写法。）其中，{5} 表示要连续匹配五位数字。

图 4-5 90210 是美国最昂贵的邮政编码之一

注：图中为贝弗利山地区的标志牌，该地区邮政编码为 90210。

⊖ 图片由 4kclips/123RF 提供。

如果读者经常使用正则表达式，那么就会熟练地记住其中的许多规则，即使记不住这些规则也没关系，读者还是可以在快速查找手册中找到这些表达式，如图 4-5 所示。

现在让我们看看如何判断字符串是否与正则表达式匹配。正则表达式包含一个 exec 方法，并且通过该方法在字符串上执行正则表达式：

```
> let result = zipCode.exec("Beverly Hills 90210");
> result;
[ '90210', index: 14, input: 'Beverly Hills 90210' ]
```

结果包括匹配到的字符串、匹配开始的索引号和原始输入。

我并不喜欢上面输出结果的格式，主要是因为输出是一个奇怪而令人困惑的伪数组，它看起来有三个元素，但实际上长度为 1。

```
> result.length
1
```

4.3.2　字符串方法

还有一种更为方便的进行正则表达式匹配的方法，那就是字符串方法。字符串方法通过构造字面正则表达式来进行模式匹配，这在目前使用正则表达式的方法中极为简便。

正如我们在 4.2 节中所了解到的，JavaScript 中的一些对象可以通过 new 构造函数进行创建，而另一些则具有文本构造函数，例如：用于生成字符串的引号和用于生成数组的方括号。正则表达式仅支持通过 \ 来进行字面量构建的方法。

```
> zipCode = /\d{5}/;
/\d{5}/
```

注意，与 4.3.1 节中命名 RegExp 构造函数不同，当使用字面量构造函数时，我们不必对 \d 使用额外的反斜杠来进行转义。

现在，让我们创建一个包含多个邮政编码的长字符串（见图 4-6）[⊖]：

```
> let s = "Beverly Hills 90210 was a '90s TV show set in Los Angeles.";
> s += " 91125 is another ZIP code in the Los Angeles area."
'Beverly Hills 90210 was a \'90s TV show set in Los Angeles. 91125 is another
 ZIP code in the Los Angeles area.'
```

如果读者以前没有见过 += 运算符，应该能够利用自身的技术熟练度来推断出它在这里做什么（这可能需要在谷歌上快速搜索）。

要确定字符串是否匹配正则表达式，我们可以使用字符串匹配方法，即 match 方法：

```
> s.match(zipCode);
[ '90210',
  index: 14,
  input: 'Beverly Hills 90210 was a \'90s TV show set in Los Angeles. 91125 is
   another ZIP code in the Los Angeles area.' ]
```

⊖　图片由 kitleong/123RF 提供。

图 4-6　91125 是加州理工学院（Caltech）校园的专用邮政编码

结果和我们在 4.3.1 节中看到的伪数组类似，并且在第二次运行时给出了相同的结果：

```
> s.match(zipCode);
[ '90210',
  index: 14,
  input: 'Beverly Hills 90210 was a \'90s TV show set in Los Angeles. 91125 is
   another ZIP code in the Los Angeles area.' ]
```

match 方法在条件句中特别有用。回顾 2.4.2 节中的 "！！" 符号，我们可以在布尔上下文中来评估正则表达式是否与字符串相匹配：

```
> !!s.match(zipCode);
true
```

同时，我们也可以这样做：

```
> if (s.match(zipCode)) {
    "Looks like there's at least one ZIP code in the string!";
  }
'Looks like there\'s at least one ZIP code in the string!'
```

一种更为便捷的操作是使用全局匹配模式，我们可以在正则表达式的最后一个反斜杠后添加一个 g 来将所有能够跟该模式进行匹配的字符串进行匹配。

```
> zipCode = /\d{5}/g;     // 使用 'g' 设置全局标志。
/\d{5}/g
```

输出结果极其直观：

```
> s.match(zipCode);
[ '90210', '91125' ]
```

我们在这里获取的结果是一个匹配到 ZIP 编码的数组，适用于连接（3.4.3 节）和迭代（3.5 节和 5.4 节）。

最后一个正则表达式的示例将为我们展示其强大的匹配功能，这与我们在 3.1 节中看到的 split() 方法相吻合，我们通过 split() 方法对空格进行了拆分，结果如下：

```
> "ant bat cat duck".split(" ");
[ 'ant', 'bat', 'cat', 'duck' ]
```

我们可以通过拆分空白字符 [由空格、制表符（用 \t 表示）和换行符（用 \n 表示）组成] 来获取相同的结果。

快速查阅图 4-4 可以发现，空白字符的正则表达式是 \s，还可以通过 + 号进行连接，来匹配一个或者多个字符，因此我们也可以通过以下方式来对空白字符进行拆分：

```
> "ant bat cat duck".split(/\s+/);
[ 'ant', 'bat', 'cat', 'duck' ]
```

这样做的好处是，如果字符串是被多个空格、制表符、换行符等进行分隔的，我们依旧可以通过上面的方法获得相同的匹配结果⊖：

```
> "ant    bat\tcat\nduck".split(/\s+/);
[ 'ant', 'bat', 'cat', 'duck' ]
```

在这里，我们还回顾了通过字面量构造正则表达式的方法，在使用较短的正则表达式的时候，如果不需要构建中间变量，我们往往通过字面量方法直接使用正则表达式。

4.3.3 练习

1.编写一个正则表达式，用来匹配由五位数字、连字符和四位扩展数字组成的扩展格式 ZIP 代码（如 10118-0110），并使用 String#match 确认匹配结果并和图 4-7⊖中的标题进行对比。

图 4-7　邮政编码 10118-0110（帝国大厦）

⊖ 这种模式非常有用，在某些语言（特别是 Ruby）中，它是拆分的默认行为，因此 "ant\tbat-cat".split 是 ["ant", "bat", "cat"]。
⊖ 图片由 jordi2r/123RF 提供。

2. 编写一个只在换行符上拆分的正则表达式。我们可以通过这样的方式将文本块拆分成独立的行。请读者将代码清单 4-2 中的诗句粘贴到控制台中，并通过 sonnet.split(/your regex/) 进行匹配，并给出输出结果的数组长度。

代码清单 4-2 带有换行符的文本

```
> const sonnet = `Let me not to the marriage of true minds
Admit impediments. Love is not love
Which alters when it alteration finds,
Or bends with the remover to remove.
O no, it is an ever-fixed mark
That looks on tempests and is never shaken;
It is the star to every wand'ring bark,
Whose worth's unknown, although his height be taken.
Love's not time's fool, though rosy lips and cheeks
Within his bending sickle's compass come:
Love alters not with his brief hours and weeks,
But bears it out even to the edge of doom.
    If this be error and upon me proved,
    I never writ, nor no man ever loved.`;
```

4.4 简单对象

在 JavaScript 中经常会提及对象，它是 data(属性) 和函数（方法）的集合体的抽象概念。如 2.4 节所讲的那样，在 JavaScript 中几乎所有的内容都可以抽象为一个对象，我们将在第 7 章中介绍如何构建与 String、Array 和 RegExp 等内置对象类似的对象。然而，在本节中，我们将重点讨论简单对象，顾名思义，它相较于我们所学过的对象定义起来更为简单。

一般来说，JavaScript 中的对象可能非常复杂，但在最简单的体现中，它们的工作方式与其他语言中的哈希对（也称为关联数组）非常相似。读者可以将它们类似于常规数组，这种数组使用字符串取代整数作为索引。因此，每个元素都是一对值：字符串（键）和任何类型的元素（值）。这些元素也称为键值对。

在这里我们做一个简单的示例，创建一个对象来存储用户的名字和姓氏，就像我们在 Web 应用程序中操作的那样。

```
> let user = {};                  // {} 表示一个空对象
{}
> user["firstName"] = "Michael";  // 键: firstName  值: Michael
'Michael'
> user["lastName"] = "Hartl";     // 键: lastName  值: Hartl
'Hartl'
```

正如读者所看到的那样，{ } 表示一个空对象，我们也可以使用与数组相同的方括号语法来进行赋值，并使用相同的方式进行索引。

```
> user["firstName"];        // 元素访问就像数组
'Michael'
> user["lastName"];
'Hartl'
```

对象中的键与我们在 2.4 节中学到的属性相同，因此我们也可以通过"对象 . 键"来对相应的属性进行访问，比如 string.length。

```
> user.firstName;          // 通过 . 符号获取属性
'Michael'
> user.lastName;
'Hartl'
```

使用哪种语法取决于上下文和样式。注意，在任何一种情况下，未定义的键 / 属性名称都只返回 undefined。

```
> user["dude"];
undefined
> user.dude;
undefined
> !!user.dude
false
```

这里需要提醒读者的是，undefined 在布尔上下文中的返回值是 false，如果读者进行了 3.2 节中的练习，可能会记得这一点。

最后，我们可以简单地显示或定义完整的对象，从而将键值对展示出来（如代码清单 4-3 所示）。

代码清单 4-3　对象的字面量展示

```
> user;
{ firstName: 'Michael', lastName: 'Hartl' }
> let otherUser = { firstName: 'Foo', lastName: 'Bar' };
> otherUser["firstName"];
'Foo'
> otherUser["lastName"];
'Bar'
```

练习

new Object() 也可以创建一个新的空对象。如果给对象构造函数传递一个与代码清单 4-3 中相同的参数，会获得什么样的结果？

4.5　应用：独特单词

让我们将简单的对象应用到一个具有挑战性的练习中，这也是迄今为止我们遇到的最长的程序。我们的任务是在一段相当长的文本中提取所有独特的单词，并计算每个单词出现的次数。

由于对应的命令序列会很长，因此我们将创建一个 1.4 节中提到的 JavaScript 文件，并使用 node 命令来执行这个 JavaScript 文件。（由于我们不打算将其作为通用的实用程序，因此我们不会像 1.5 节那样将其作为一个独立的 shell 脚本。）在任何一个学习阶段，如果读者对命令行的执行效果有疑问，建议使用 Node REPL 并以交互的方式来执行代码。

让我们从创建文件开始：

```
$ touch count.js
```

我们在 js 文件中创建一个文本常量，它的内容为莎士比亚十四行诗第 116 首[○]（见图 4-8）[○]，这首诗曾经在代码清单 4-2 中引用过，我们再次将其展示在代码清单 4-4 中。

图 4-8　十四行诗第 116 首把爱的坚贞比作流浪树皮（船）的指路星

代码清单 4-4　添加一些文本常量

count.js

```
const sonnet = `Let me not to the marriage of true minds
Admit impediments. Love is not love
Which alters when it alteration finds,
Or bends with the remover to remove.
O no, it is an ever-fixed mark
That looks on tempests and is never shaken;
It is the star to every wand'ring bark,
Whose worth's unknown, although his height be taken.
Love's not time's fool, though rosy lips and cheeks
Within his bending sickle's compass come:
Love alters not with his brief hours and weeks,
But bears it out even to the edge of doom.
    If this be error and upon me proved,
    I never writ, nor no man ever loved.`;
```

请注意，代码清单 4-4 使用了反引号语法（2.2.1 节），它与常规引号[⊜]不同，允许我们

○　注意，在莎士比亚时代使用的原始发音中，像"love"和"remove"这样的单词押韵，"come"和"doom"
　　也押韵。

○　图片由 psychoshadowmaker/123RF 提供。

⊜　这里，我通过 Google 实现这种效果。

跨行分隔文本。注意：由于此语法相对较新，读者可能需要配置一些文本编辑器才能以正确的形式对其进行展示（特别是 Sublime text 的某些版本）。

接下来，我们将初始化 uniques 对象，它记录文本中的每个独特的单词。

```
let uniques = {};
```

为了增强练习，我们将"word"定义为一个或多个单词、字符的组合，这种组合可以由字母、数字组成。我们可以通过正则表达式对其进行匹配（第 4.3 节），其中的 \w 模式正好适用于这种情况（如图 4-5 所示）。

```
let words = sonnet.match(/\w+/g);
```

我们使用 4.3.2 节中提到的"全局"g 标志和 match 方法来匹配"一行中由一个或多个单词组成的字符"，并获取其返回数组。将此模式扩展到包括撇号（以便它可以对示例进行匹配，例如"wand'ring"），这是留作本节的一个练习（见 4.5.2 节）。

此时，该文件中的内容如代码清单 4-5 所示。

代码清单 4-5　在文件中添加对象以及匹配的单词

count.js

```
const sonnet = `Let me not to the marriage of true minds
Admit impediments. Love is not love
Which alters when it alteration finds,
Or bends with the remover to remove.
O no, it is an ever-fixed mark
That looks on tempests and is never shaken;
It is the star to every wand'ring bark,
Whose worth's unknown, although his height be taken.
Love's not time's fool, though rosy lips and cheeks
Within his bending sickle's compass come:
Love alters not with his brief hours and weeks,
But bears it out even to the edge of doom.
    If this be error and upon me proved,
    I never writ, nor no man ever loved.`;

let uniques = {};
let words = sonnet.match(/\w+/g);
```

接下来，我们将遍历 words 数组（3.5 节），同时执行以下操作：

1. 如果单词在 uniques 对象中已经出现过，则为其计数增加 1；

2. 如果单词在 uniques 对象中还没有出现，则将其计数初始化为 1。

这里将使用我们在 4.3.2 节中遇到的 += 运算符，代码如下所示：

```
for (let i = 0; i < words.length; i++) {
  let word = words[i];
  if (uniques[word]) {
    uniques[word] += 1;
  } else {
    uniques[word] = 1;
  }
}
```

除此之外，我们还复习了括号访问法，在这个练习中，该操作无法通过点语法完成。需要注意的是，如果 word 不是有效的键，那么 uniques[word] 将返回 undefined 值（它在布尔上下文中为 false）。

最后，我们把结果打印到终端：

```
console.log(uniques)
```

带有注释的完整程序如代码清单 4-6 所示。

代码清单 4-6　计算文本单词数

count.js

```
const sonnet = `Let me not to the marriage of true minds
Admit impediments. Love is not love
Which alters when it alteration finds,
Or bends with the remover to remove.
O no, it is an ever-fixed mark
That looks on tempests and is never shaken;
It is the star to every wand'ring bark,
Whose worth's unknown, although his height be taken.
Love's not time's fool, though rosy lips and cheeks
Within his bending sickle's compass come:
Love alters not with his brief hours and weeks,
But bears it out even to the edge of doom.
    If this be error and upon me proved,
    I never writ, nor no man ever loved.`;

// Unique words
let uniques = {};
// All words in the text
let words = sonnet.match(/\w+/g);
// Iterate through `words` and build up an associative array of unique words.
for (let i = 0; i < words.length; i++) {
  let word = words[i];
  if (uniques[word]) {
    uniques[word] += 1;
  } else {
    uniques[word] = 1;
  }
}

console.log(uniques)
```

值得注意的是，即使在代码清单 4-6 这样相对较短的程序中，要匹配所有大括号、小括号等也是很困难的。一个好的文本编辑器能帮助我们更好地完成这项操作。例如，当光标靠近右大括号时，Atom 会在打开 / 关闭时在其下方显示细微的下画线（见图 4-9）。

在终端中运行 count.js 的结果如下：

```
$ node count.js
{ Let: 1,
  me: 2,
  not: 4,
  to: 4,
  the: 4,
```

```
marriage: 1,
.
.
.
upon: 1,
proved: 1,
I: 1,
writ: 1,
nor: 1,
man: 1,
loved: 1 }
```

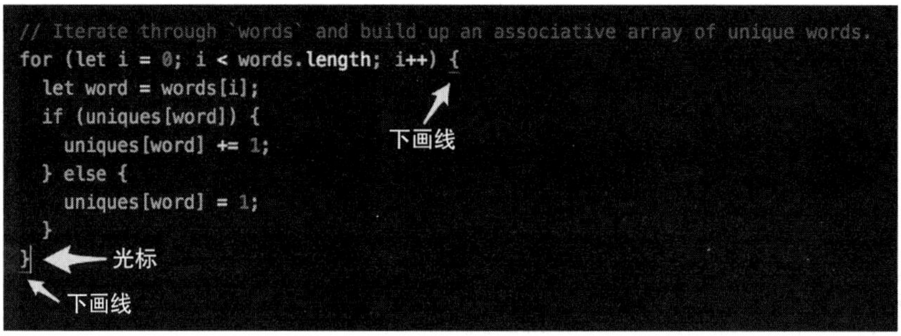

图 4-9　文本编辑器对匹配大括号有很大帮助

4.5.1　Map

正如我们在前面示例中所展示的那样，原生 JavaScript 对象可以使用哈希 / 关联数组，但是也存在一定的缺点。比如，它的性能会比较慢，对于提取键值的使用有限，因此 JavaScript 提供了一个专门克服这些限制的 Map 对象，我们可以通过 set 和 get 方法来设置键和获取其对应的值。

```
> let uniques = new Map();
> uniques.set("loved", 0);
Map { 'loved' => 0 }
> let currentValue = uniques.get("loved");
> uniques.set("loved", currentValue + 1);
Map { 'loved' => 1 }
```

请读者结合上述技术，重写 count.js 程序，并将其留作练习（4.5.2 节）。

4.5.2　练习

1. 请扩展代码清单 4-6 中使用到的正则表达式，使其包含撇号，并匹配如 "wand'ring" 这样的单词。提示：将 regex101 处引用的第一个正则表达式与 \w、撇号和加号 + 进行组合（见图 4-10）。

2. 使用 Map 对象（6.1 节）重写代码清单 4-6 中的代码。

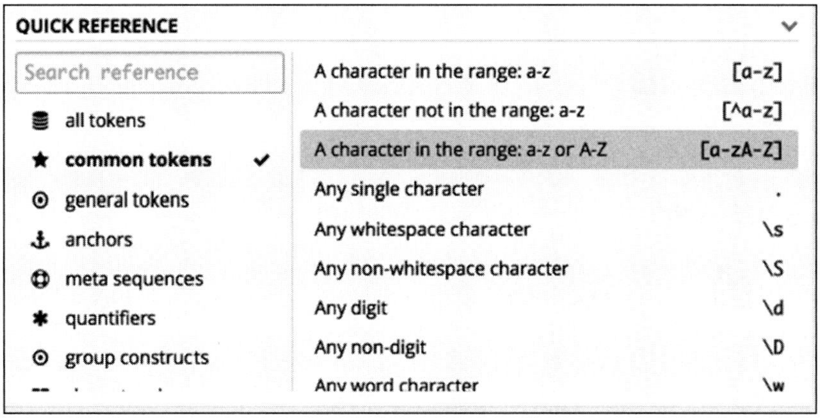
QUICK REFERENCE
Search reference
all tokens
common tokens
general tokens
anchors
meta sequences
quantifiers
group constructs
A character in the range: a-z
[a-z]
A character not in the range: a-z
[^a-z]
A character in the range: a-z or A-Z
[a-zA-Z]
Any single character
.
Any whitespace character
\s
Any non-whitespace character
\S
Any digit
\d
Any non-digit
\D
Any word character
\w

图 4-10　练习提示

函　数

前文已经多次提到 JavaScript 函数。在本章中，我们将学习自定义函数。自定义函数会使得程序员编写出来的程序更加灵活，在函数中我们可以使用 5.4 节中提及的 forEach 方法，或者还可以进行函数式编程，这一内容我们将在第 6 章中进行介绍。接下来让我们一起解锁函数！

5.1　定义函数

正如我们在 1.2 节中看到的那样，在 JavaScript 中进行函数调用时，只需要调用函数名并为其传递 0 个或者多个参数：

```
> console.log("hello, world!");
hello, world!
```

如 2.5 节所述，附加到对象的函数（如附加到 console 的 log）也称为方法。

编程中最重要的任务之一是定义自己的函数。接下来我们用 REPL 中的一个简单的示例进行讲解。我们将定义一个名为 stringMessage 的函数，该函数只接受传递一个参数，我们在函数中根据该参数是否为空返回一条对应消息：

```
> function stringMessage(string) {
    if (string) {
      return "The string is nonempty.";
    } else {
      return "It's an empty string!";
    }
  }
undefined
```

注意，这里我们使用 return 返回对应的值。我们可以在 REPL 中调用函数查看返回结果：

```
> stringMessage("honey badger");
'The string is nonempty.'
> stringMessage("");
'It\'s an empty string!'
```

在这里需要注意的是，函数的参数名称与其调用方法无关。也就是说上面的第一个示例中的参数名，也可以换为任何其他有效的变量名，比如用 asdf 替换 string，并不会对输出结果产生任何影响。

```
> function stringMessage(asdf) {
    if (asdf) {
      return "The string is nonempty.";
    } else {
      return "It's an empty string!";
    }
  }
undefined
> stringMessage("honey badger");
'The string is nonempty.'
> stringMessage("");
'It\'s an empty string!'
```

5.1.1　数字数组排序

在 3.4.1 节中我们看到，默认情况下 JavaScript 会按照字母顺序来对数字数组进行排序，然而在本章，我们可以通过函数来解决这一问题。

```
> let a = [8, 17, 42, 99];
> a.sort();
[ 17, 42, 8, 99 ]
```

我们可以定义一个名为 numberCompare 的函数，用来对数字数组进行数值排序。我们可以为这个函数设置两个参数 a 和 b，并设置相应的规则，当 a>b 时返回 1，当 a<b 时返回 −1，当它们相等时返回 0。这是数组排序文档所需的表单（https://developer.mozilla.org/en-US/docs/Web/JavaScript/Reference/Global-Objects/Array/sort），它让 sort 计算出我们想要对数组进行数值排序，而不是按照字母顺序排序。其排序结果如代码清单 5-1 所示。

代码清单 5-1　数字比较

```
> function numberCompare(a, b) {
    if (a > b) {
      return 1;
    } else if (a < b) {
      return -1;
    } else {
      return 0;
    }
  }
```

我们可以应用上面的函数进行数字比较，示例如下：

```
> numberCompare(8, 17);
-1
> numberCompare(17, 99);
-1
> numberCompare(99, 42);
1
> numberCompare(99, 99);
0
```

此时，我们可以将一个函数作为参数传递给 sort 来对数字数组进行排序，从而改变其默认按照字母顺序进行排序的规律。

```
> a.sort(numberCompare);
[ 8, 17, 42, 99 ]
```

这才是我们想要的输出结果，在函数的包裹下，JavaScript 通过对 `numberCompare(a,b)` 的值进行判断来对数组进行操作。如果 numberCompare 比较的输出值为负数，那么将 a 排在 b 之前；如果比较输出为负数，那么将 b 排在 a 之前；如果两个比较的数值相等，那么它们排列的先后关系并不重要。最终数组会按照我们预期的排序结果进行输出。

我们将在 5.4 节中学习一种更好的数组排序方法，它是通过匿名函数来进行相关操作的。其中的练习包括对 JavaScript 数组进行数字排序的最惯用的排序方法。

5.1.2 箭头函数

ES6 中包含第二种函数定义的方法，我们称其为"箭头函数"，用 => 来表示。我们可以通过组合 => 和 let 关键字来定义 altStringMessage 函数。

```
> let altStringMessage = (string) => {
    if (string) {
      return "The string is nonempty.";
    } else {
      return "It's an empty string!";
    }
  }
> altStringMessage("honey badger");
'The string is nonempty '
```

此处（string）=>... 创建只包含一个参数 string 的箭头函数，函数的具体内容由箭头右侧的代码来定义。换句话说，

```
function name(arg) {
  // 代码
}
```

等同于

```
let name = (arg) => {
  // 代码
}
```

一些开发人员倾向于用这种符号来替代他们所有函数的写法，在不久的未来，这可能是一种较为普遍的代码编写方法，但是到目前为止，对 function 的使用还是相当普遍的。

这种方式还可以让函数的调用变得更加清晰。

```
function foo(bar, baz) {
  // 对 bar 和 baz 进行一些操作
}

let x = 1;
let y = 2;
let result = foo(x, y);
```

实际代码中使用 `foo(x,y)`，我们很高兴在这里看到函数定义中出现类似的字符序列。

在本书中，我们通常使用 function 来定义函数，但在某些情况下，我们将对匿名函数使用箭头符号，尤其是在第 6 章即将讨论的函数式编程技术的部分。

与 var 和 let/const 一样，function 和 => 也是常用的。即使读者为自己的代码定义了一种标准化的约定，读者也必须先了解这两种语法才能够读懂其他人编写的代码。

5.1.3　练习

使用 function 来定义一个返回数字平方的 square 函数。使用箭头函数定义一个执行类似 altSquare 函数所做操作的函数。

5.2　文件中的函数

虽然在 REPL 中定义函数便于我们进行演示，但这样操作有点麻烦，更好的做法是将它们放在一个文件中（就像我们在 4.5 节中使用脚本所做的那样）。我们将从在 1.2 节中创建的 index.html 文件中定义的函数开始，将该函数移动到更方便的外部文件中。

回顾 4.2 节，Date 对象有一个 getDay() 方法，该方法的返回值对应于一周中的某一天的索引（比如：0 表示星期日，1 表示星期一等）。在代码清单 4-1 中，我们为一周中的第几个工作日定义了一个常量，并且为 getDay() 的返回值定义了一个变量 dayName：

```
const daysOfTheWeek = ["Sunday", "Monday", "Tuesday", "Wednesday",
                       "Thursday", "Friday", "Saturday"];
let now = new Date();
let dayName = daysOfTheWeek[now.getDay()];
alert(`Hello, world! Happy ${dayName}.`);
```

将此定义和逻辑封装在 dayName 函数中会很方便，这样我们就可以像这样编写 alert 警告：

```
alert(`Hello, world! Happy ${dayName(now)}.`);
```

这样就不对 dayName 变量进行调用，取而代之的是调用函数 dayName（now）。

应用 5.1 节中的函数定义语法，可以生成以下的 dayName 函数：

```
function dayName(date) {
  const daysOfTheWeek = ["Sunday", "Monday", "Tuesday", "Wednesday",
                         "Thursday", "Friday", "Saturday"];
  return daysOfTheWeek[date.getDay()];
}
```

请注意我们将变量 now 切换到更为通用的变量 date 所使用的处理方式，它可以将我们传递给这个函数的任何日期进行处理并输出。

我们对代码清单 4-1 中的代码应用以上处理方式，可以很好地对 alert 警告和用于生成星期几的函数的代码逻辑进行分离，如代码清单 5-2 所示，结果展示在图 5-1 中。

代码清单 5-2　返回一周中的某一天的函数

index.html

```html
<!DOCTYPE html>
<html>
  <head>
    <title>Learn Enough JavaScript</title>
    <meta charset="utf-8">
    <script>
      function dayName(date) {
        const daysOfTheWeek = ["Sunday", "Monday", "Tuesday", "Wednesday",
                               "Thursday", "Friday", "Saturday"];
        return daysOfTheWeek[date.getDay()];
      }

      let now = new Date();
      alert(`Hello, world! Happy ${dayName(now)}.`);
    </script>
  </head>
  <body>

  </body>
</html>
```

通过构建 dayName 函数，可以使得代码清单 5-2 中的代码逻辑更加清晰，然后我们将这个函数包含在我们编写的页面中。首先，我们先将函数剪切并粘贴到名为 day.js 的文件中：

```
$ touch day.js
```

图 5-1　函数式打招呼的结果

生成的文件如代码清单 5-3 和代码清单 5-4⊖所示。

⊖　在某些编辑器中，可以使用 Shift-Command-V 并使用本地缩进级别来粘贴选定内容，这省去了手动删除带来的麻烦。

代码清单 5-3　文件中的 dayName 函数

day.js

```
// 返回给定日期的星期几
function dayName(date) {
  const daysOfTheWeek = ["Sunday", "Monday", "Tuesday", "Wednesday",
                         "Thursday", "Friday", "Saturday"];
  return daysOfTheWeek[date.getDay()];
}
```

代码清单 5-4　我们用文件中的函数进行问候

index.html

```
<!DOCTYPE html>
<html>
  <head>
    <title>Learn Enough JavaScript</title>
    <meta charset="utf-8">
    <script>
      let now = new Date();
      alert(`Hello, world! Happy ${dayName(now)}!`);
    </script>
  </head>
  <body>

  </body>
</html>
```

读者可以通过重新加载浏览器来进行验证，此时我们的 index.html 页面展示一片空白，没有警告，JavaScript 也不起作用。其默认行为是一个无声错误，但浏览器控制台（1.3.1 节）将问题显示出来了，如图 5-2 所示。这种操作控制台的方法是一种强大的调试技术，如果 JavaScript 只是默认报错的话，那么我们首选启动浏览器控制台（见方框 5-1）[⊖]。

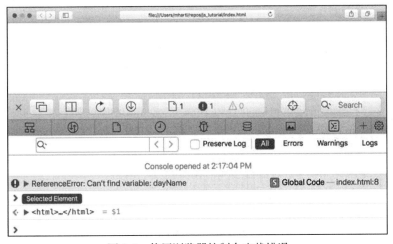

图 5-2　使用浏览器控制台查找错误

⊖　@ThePracticeDeve 图像在获得许可的情况下使用。

方框 5-1　调试 JavaScript

调试是技术成熟度的重要组成部分：它是发现和纠正计算机程序错误的艺术。虽然经验是无法替代的，但在跟踪代码中不可避免的故障时，以下一些技术可以帮助到你：

❑ 启动浏览器控制台。通常，仅此一项就可以识别 bug，尤其是当错误未出现时（即，当程序在浏览器中启动失败而没有任何原因指示时）。

❑ 使用日志或警告跟踪执行。当试图找出特定程序出错的原因时，使用 console.log 或 alert 语句展示变量通常是一种有效的解决办法，当错误被修复时，相应的展示语句可以被移除。

❑ 注释代码。有时，注释掉你认为与问题无关的代码是一个好主意，这样你就可以专注于不起作用的代码。

❑ 使用 REPL。启动 REPL 并粘贴有问题的代码通常是隔离问题的一种很好的方法。

❑ 谷歌搜索。谷歌搜索错误消息或其他与错误相关的搜索词（这通常会导致堆栈溢出中的有用线程）是每个现代软件开发人员的必备技能（见图 5-3）。

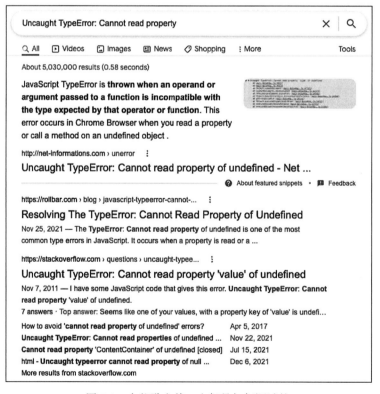

图 5-3　在谷歌之前，人们是如何调试的

问题是，我们已经从 index.html 的脚本部分删除了 dayName，因此我们的页面自然不

知道它是什么。解决方案是使用第二个脚本标记将其包括在内，其中 src（source）属性指向包含该定义的文件：

```
<script src="day.js"></script>
<script>
  let now = new Date();
  alert(`Hello, world! Happy ${dayName(now)}!`);
</script>
```

这段代码可能看起来很熟悉，因为它类似于引入含图像的语法（https://www.learnenough.com/html-tutorial/filling_in_the_index_page#sec-images）

```
<img src="images/kitten.jpg" alt="An adorable kitten">
```

特别是，src 需要有文件的完整路径，因此脚本 / 目录中的 JavaScript 源文件 site.js 将使用下面的语句：

```
<script src="scripts/site.js"></script>
```

将带有 src 的新脚本标记放入 index.html 的结果如代码清单 5-5 所示。重新加载页面后，现在我们的问候语如预期所示（见图 5-4）。

代码清单 5-5　使用外部文件中的函数

index.html

```
<!DOCTYPE html>
<html>
  <head>
    <title>Learn Enough JavaScript</title>
    <meta charset="utf-8">
    <script src="day.js"></script>
    <script>
      let now = new Date();
      alert(`Hello, world! Happy ${dayName(now)}!`);
    </script>
  </head>
  <body>

  </body>
</html>
```

需要注意的是，源脚本必须在使用任何脚本中定义的函数之前出现，否则，结果与图 5-2 相同。将此留作一项练习。

练习

1. 如果代码清单 5-5 中的 src 行出现在主脚本之后，会发生什么？控制台中的错误是什么？

2. 让我们用 day.js 中的 greeting 函数替换代码清单 5-4 中的插值字符串。填充代码清单 5-6 中的代码以使代码清单 5-7 中的代码正常工作。

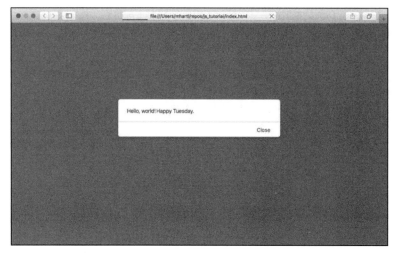

图 5-4　问候语恢复了

代码清单 5-6　greeting 函数的定义

day.js

```
// 返回给定日期的星期几
function dayName(date) {
  const daysOfTheWeek = ["Sunday", "Monday", "Tuesday", "Wednesday",
                         "Thursday", "Friday", "Saturday"];
  return daysOfTheWeek[date.getDay()];
}

// 返回给定日期的问候语
function greeting(date) {
  // 填写
}
```

代码清单 5-7　greeting 函数的使用

index.html

```
<!DOCTYPE html>
<html>
  <head>
    <title>Learn Enough JavaScript</title>
    <meta charset="utf-8">
    <script src="day.js"></script>
    <script>
      let now = new Date();
      alert(greeting(now));
    </script>
  </head>
  <body>

  </body>
</html>
```

5.3　方法链

在本节中，我们编写一个称为回文的函数，如果其参数前后相同，则返回 true，否则返回 false。

我们可以将回文的最简单定义表达为"字符串和颠倒的字符串是相同的"。（随着时间的推移，我们将逐步扩展这一定义。）在代码中，我们可以将此定义编写为：

```
function palindrome(string) {
  return string === reverse(string);
}
```

根据需要，如果字符串是回文（等于其自身的反向），则返回 true，否则返回 false。不过，这里存在一个问题：JavaScript 没有原生方法来反转字符串，所以我们提出的实施反转（字符串）的方案是行不通的。这意味着我们必须自己编写反转函数。

我们将讲解一种称为方法链的实践示例，通过方法链，我们可以一个接一个地调用一系列方法，尤其是在 JavaScript 没有原生方法来反转字符串的情况下。但是我们在 3.4.1 节中却看到了 JavaScript 中的内置反转数组的方法。

```
> let a = [ 17, 42, 8, 99 ];
> a.reverse();
[ 99, 8, 42, 17 ]
```

并且，我们在 3.1 节中还看到了如何通过 "" 将字符串拆分为其组成字符：

```
> "racecar".split("");
[ 'r', 'a', 'c', 'e', 'c', 'a', 'r' ]
```

最后，我们在 3.4.3 节中了解到，join 方法有效地反转了拆分：

```
> [ 'r', 'a', 'c', 'e', 'c', 'a', 'r' ].join("");
'racecar'
```

以上示例讨论提出了以下用于编写 reverse 方法的算法：

1.用空字符拆分字符串以创建字符数组；

2.反转数组；

3.用空字符连接数组以创建反向字符串。

通过方法链，我们可以在单行中实现此算法：

```
> let string = "Racecar";
> string.split("").reverse().join("")
'racecaR'
```

（由于 split("") 的作用方式，这种方法在反转包含表情符号等更为复杂的字符的时候往往不会产生效果。我们将在 5.3.1 节中对此进行修复。）

让我们将 reverse 函数放入检测回文的库中，并将其称为 palindrome.js：

```
$ touch palindrome.js
```

生成的函数如代码清单 5-8 所示。

代码清单 5-8 字符串反转函数

palindrome.js

```
// 反转一个字符串
function reverse(string) {
  return string.split("").reverse().join("");
}
```

请注意，代码清单 5-8 中包含一个文档注释（在代码清单 5-3 中进行简要介绍），它解释了函数的用途。这种编写方式并不是严格要求的，但对于未来的程序员（包括我们！）来说，这是一个很好的实践。

为了检查代码清单 5-8 的效果，我们可以使用"点加载"的方式在 Node REPL 中加载外部文件（注意结尾没有分号，这样做可以避免报错）：

```
> .load palindrome.js
> reverse("Racecar");
'racecaR'
```

（我们可以通过使用 .load 方法在 REPL 中运行文件中的每一行代码。这样做的副作用是会变更历史命令记录，因此使用"向上箭头"来检索历史命令就没有那么实用了。遗憾的是，由于其源自 Web 浏览器的历史，JavaScript 没有一种原生方式来实现文件之间的包含，因此使用 .load 是我们所能做的最好的选择。）

我们现在可以编写回文函数的第一个版本，它将会把字符串与其倒序字符串进行比较：

```
> string;        // 提醒我们字符串是什么
'Racecar'
> string === reverse(string);
false
```

定义的回文函数如代码清单 5-9 所示。

代码清单 5-9 我们的原始回文函数

palindrome.js

```
// 反转一个字符串
function reverse(string) {
  return string.split("").reverse().join("");
}

// 如果是回文，返回 true；否则返回 false
function palindrome(string) {
  return string === reverse(string);
}
```

重新加载 palindrome.js 可以让我们更为直观地看到 palindrome 函数的效果：

```
> .load palindrome.js
> palindrome("To be or not to be");
false
> palindrome("Racecar");
false
> palindrome("level");
true
```

生效了!

我们还可以对其进行一个小小的优化操作,那就是让回文检测操作与字符串的大小写形式独立开来。换而言之,我们希望在检测类似于"Racecar"这样的字符串时,能够将true作为返回结果,即使首字母"R"是大写形式的。我们可以在进行字符串比较之前,先将字符串转换为小写形式,我们通过2.5节中的toLowerCase方法来实现这一效果:

```
> let processedContent = string.toLowerCase();
> processedContent;
'racecar'
> processedContent === reverse(processedContent);
true
```

将其放入代码清单5-10给出的palindrome.js中。

代码清单5-10 检测不区分大小写的回文

palindrome.js

```
// 反转一个字符串
function reverse(string) {
  return string.split("").reverse().join("");
}

// 如果是回文,返回true;否则返回false
function palindrome(string) {
  let processedContent = string.toLowerCase();
  return processedContent === reverse(processedContent);
}
```

我们可以通过使用REPL确认它生效:

```
> .load palindrome.js
> palindrome("racecar");
true
> palindrome("Racecar");
true
> palindrome("Able was I ere I saw Elba");
true
```

5.3.1 注意表情符号

在代码清单5-10中开发的reverse方法中包含了一个小警告,那就是这种方法不太适用于包含表情符号等更为复杂字符的文本。例如,在反转包含"狐狸脸"和"狗脸"表情符号的句子时会产生乱码,如图5-5所示。

图5-5 一个失败的表情符号反转示例

这是因为每个表情符号都被有效地表示为两个单独的字符,如代码清单5-10所示,在遇到空字符串时会将每个表情符号拆分为两半。我们可以通过使用Array.from()方法以不同的方式创建一个字符串数组来解决这个问题。

```
> Array.from('honey badger');
[ 'h', 'o', 'n', 'e', 'y', ' ', 'b', 'a', 'd', 'g', 'e', 'r' ]
```

用这种改进的方法替换掉代码清单 5-10 中的 split 方法，更新后的 reverse 代码如代码清单 5-11 所示。

代码清单 5-11　使用 Array.from 改进 reverse 方法

```
// 反转一个字符串
function reverse(string) {
  return Array.from(string).reverse().join("")
}

// 如果是回文，返回 true；否则返回 false
function palindrome(string) {
  let processedContent = string.toLowerCase();
  return processedContent === reverse(processedContent);
}
```

检验此代码是否有效将作为本章的练习。

5.3.2　练习

1. 请使用方法链和代码清单 5-12 中的模板，编写一个名为 emailParts 的函数，用以检测类似于 username@example.com 的标准电子邮件地址，其返回值是由电子邮件地址的用户名和域名组成的数组。（注意：确保在使用 USERNAME@EXAMPLE.COM. 时函数会返回相同的结果。）

代码清单 5-12　电子邮件的返回部分

```
> function emailParts(email) {
    // 填充
  }
```

2. 使用 Node REPL，确认代码清单 5-11 中定义的 reverse 函数能够正确地反转包含表情符号的字符串。[你可以在表情符号网站 Emojipedia（https://emojipedia.org/）中找到关于狐狸脸和狗脸的表情符号链接。] 练习的展示结果应该与图 5-6 相同。

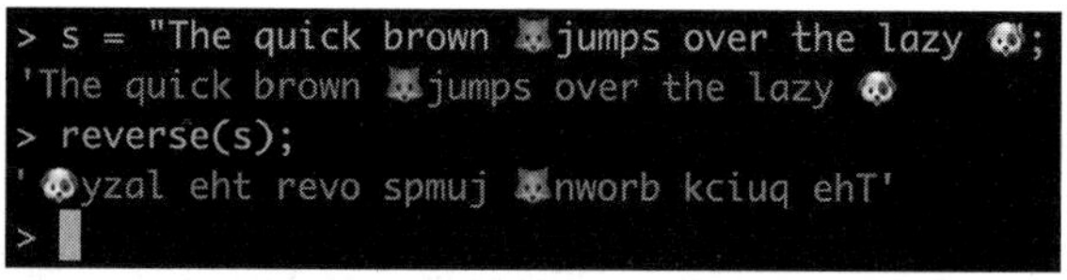

```
> s = "The quick brown 🦊 jumps over the lazy 🐶";
'The quick brown 🦊 jumps over the lazy 🐶'
> reverse(s);
'🐶 yzal eht revo spmuj 🦊 nworb kciuq ehT'
```

图 5-6　成功的表情符号反转示例

5.4　迭代

到目前为止，我们已经看到了几个迭代方法示例：2.6 节中的迭代字符串、3.5 节中的迭代数组和 5.4 节中的迭代对象——所有这些迭代操作都是基于 for 循环进行的。在本节中，我们将学习如何使用 forEach 循环，它遍历数组中的每个元素，而不必使用索引变量进行辅助。

对数组中的每个元素执行"forEach"操作意味着我们可以将以下操作：

```
for (let i = 0; i < array.length; i++) {
  console.log(array[i]);
}
```

变为

```
array.forEach(function(element) {
  console.log(element);
});
```

上面示例中的后一段代码允许我们直接对每个数组元素进行操作，而不必使用 array[i] 来进行访问。

在 forEach 的遍历中，我们会使用到一个特别的函数，即匿名函数，我们可以通过匿名函数来为数组中的每一个元素创建一个变量⊖。因此，我们发现不使用函数而是通过 forEach 来遍历数组中的每个元素会更为实用。

为了更好地理解 forEach 方法，让我们看看 REPL 中的一个具体示例：

```
> [42, 17, 85].forEach(function(element) {
    console.log(element);
  });
42
17
85
```

在这里，将一个函数作为 forEach 的参数，然后依次返回相应数组中的每个元素。这种语法可能看起来有点奇怪，但这种将函数传递给方法的模式很常见，你很快就会习惯这种编写方式。不要太在意具体发生了什么，而是要关注具体效果。

利用我们新学习的 forEach 方法，我们可以使用 forEach 重写前面遇到的每个 for 循环，从代码清单 3-4 中的数组迭代开始。为了方便起见，我们将把代码放在一个文件中，并在命令行中执行它：

```
$ touch foreach.js
```

我们只需要一个 forEach 循环来进行迭代操作，其内容打印元素本身，而不是打印 a[i]。返回结果如代码清单 5-13 所示。

代码清单 5-13　使用 forEach 循环遍历数组

foreach.js

```
let a = ["ant", "bat", "cat", 42];
a.forEach(function(element) {
  console.log(element);
});
```

在命令行执行代码清单 5-13 中的程序会得到与代码清单 3-4 相同的输出，如代码清单 5-14 所示。

⊖ 以这种方式附加数据的函数（无论是命名的还是匿名的）称为闭包。

代码清单 5-14　数组迭代的输出

```
$ node foreach.js
ant
cat
bat
42
```

现在让我们使用 forEach 重写代码清单 2-18 中的字符串迭代。我们用到的方法是创建一个字符串数组，然后使用 forEach 一次迭代一个元素。首先，我们将使用 5.3 节末尾介绍的 array.from 方法创建一个字符串数组（代码清单 5-11）。

```
> Array.from("honey badger");
[ 'h', 'o', 'n', 'e', 'y', ' ', 'b', 'a', 'd', 'g', 'e', 'r' ]
```

返回的结果是一个字符数组，然后我们可以使用 forEach 对其进行迭代。

我们将首先在 foreach.js 文件中创建代码清单 2-15 中的 soliloquy 变量，然后使用 Array.from 和 foreach 方法对其进行处理。最终代码（我们将其放置在代码清单 5-13 中的数组迭代之后）如代码清单 5-15 所示。

代码清单 5-15　使用 forEach 循环遍历字符串

foreach.js
```
.
.
.
let soliloquy = "To be, or not to be, that is the question:";
Array.from(soliloquy).forEach(function(character) {
  console.log(character);
});
```

在命令行中执行代码清单 5-15 中的程序会获得与代码清单 2-18 中相同的输出（在本例中前面是代码清单 5-14 的输出），如代码清单 5-16 所示。

代码清单 5-16　迭代字符串的输出结果

```
$ node foreach.js
ant
bat
cat
42
T
o

b
e
.
.
.
t
i
o
n
:
```

我们可以使用 forEach 方法直接遍历数组，从而避免了键入迈克·尼瓦尔的"for（i=0；i<N；i++）"。展示结果是代码更干净，程序员更快乐。

练习

1. 使用 5.1.2 节中的"箭头符号"重写代码清单 5-13 中的 forEach 循环。

2. 我们在代码清单 5-1 中看到了如何定义一个数字比较函数用以对 JavaScript 数组进行数字排序。在这里，我们使用了返回值 1、−1 和 0，但结果表明 sort 方法只关心比较的符号，因此 17 与 1 返回值相同，−42 与 −1 返回值相同，等等。对于数字 a 和 b，值 a-b 具有正确的符号，所以显示代码清单 5-17 中使用匿名函数的代码正确地对数组进行了排序。

3. 编写 forEach 循环来打印输出上一练习的值。

代码清单 5-17　通过匿名函数方式对数组进行排序

```
> let a = [8, 17, 42, 99];
> a.sort(function(a, b) { return a - b; });
[ 8, 17, 42, 99 ]
```

Chapter 6 第6章

函数式编程

前面我们学习了如何定义一个函数，并将其应用到不同的场景中，现在我们将通过学习函数式编程的基础知识来提升我们的编程水平。函数式编程是一种强调通过不同函数来实现所需功能的编程模式。本章节的学习内容与编程知识具有一定的挑战性，读者可能需要进行反复的练习才能够充分掌握本章的内容（见方框6-1），但是在充分掌握本章知识后，编程会变得很容易。

方框 6-1　反复练习

我们在学习武术、国际象棋或者外语的过程中，常常遇到无论进行再多的分析或者再多的反思也无法获得提高的问题，这时，他们唯一需要做的就是再多次重复练习，或者就仅仅是机械性地重复多次。

仅仅尝试一下就获得的提高往往是令人惊讶的，这确实也不太容易实现，那么请多尝试几次。

我们可以停止自我判断来多进行一些尝试与练习，我们要接受自己可能没有办法做到一开始就将事情做得很完美。（很多人，包括读者自己，可能没有办法一开始就将事情做得很完美，往往是需要通过反复的练习才能将一件事做得很好。）

放慢自己的脚步，多做一些练习，你会发现自己的技术水平在与日俱增。

函数式编程专注于通过函数来对传递给其的参数进行一系列操作，而不是专注于函数的变异或者其带来的副作用。这个定义比较抽象，这个主题也相对来说较为宽泛，因此我们通过函数式编程的三种经典方法——map、filter 和 reduce 来对其进行阐述。

在每种场景下，我们都是通过 forEach 来进行循环的，并执行不同的命令（我们称其为

"命令式编程" ⊖，这也是迄今为止我们一直在做的事情），之后我们将通过函数式编程来实现同样的功能。

为了方便起见，我们将先创建一个 js 文件，而不是直接将内容键入 REPL 中：

```
$ touch functional.js
```

6.1 Map 函数

map 函数可以将函数映射到数组元素上，它通常是循环的强大替代方案。

例如，假设我们有一个由大小写混合字符串组成的数组，我们希望创建一个用连字符连接的由小写字符串组成的对应数组（使其结果适合在 URL 中使用），如下所示：

```
"North Dakota" -> "north-dakota"
```

使用本书在前面所提及的技术，我们进行如下操作：

1. 定义包含字符串数组的变量；

2. 为 URL 字符串数组定义第二个变量，并将其初始化为空数组；

3. 对于第一个数组中的每个元素，push（3.4.2 节）一个该元素的小写版本（2.5 节），它是通过空格（4.3.2 节）进行拆分并且通过连字符进行连接的（3.4.3 节）。读者可以改为使用单个空格 "" 进行拆分，但在空格处进行拆分要强大得多，因此在默认情况下使用空格进行拆分。

输出结果如代码清单 6-1 所示。

代码清单 6-1 从数组中生成适合 URL 的字符串

functional.js

```
let states = ["Kansas", "Nebraska", "North Dakota", "South Dakota"];

// urls: 强制版本
function imperativeUrls(elements) {
  let urls = [];
  elements.forEach(function(element) {
    urls.push(element.toLowerCase().split(/\s+/).join("-"));
  });
  return urls;
}
console.log(imperativeUrls(states));
```

这段代码有些复杂，如果不好读懂代码清单 6-1 中的代码，可启动 Node REPL，并以交互方式来运行这段代码。

运行代码清单 6-1 的结果如下：

```
$ node functional.js
[ 'kansas', 'nebraska', 'north-dakota', 'south-dakota' ]
```

⊖ 这样的程序被写成一系列命令，因此，"命令"一词来自拉丁语 imperātīvus，"从命令开始"。

下面让我们来尝试一下使用 map 来进行同样的操作，map 主要是通过对数组中的每个元素执行相同的操作来实现的。例如，我们要分别对数字数组中的每个元素求取相应的平方值，我们可以将函数 n*n 映射到数组上，如 REPL 中所示：

```
> [1, 2, 3, 4].map(function(n) { return n * n; });
[ 1, 4, 9, 16 ]
```

这里我们在数组上映射了一个匿名函数（5.4 节），并且得到了每个元素的平方。我们可以将其更换为箭头函数（5.1.2 节），这样会使函数看起来更为简洁：

```
> [1, 2, 3, 4].map( (n) => { return n * n; });
[ 1, 4, 9, 16 ]
```

更好的是，对于单个参数的函数这一非常常见的情况，JavaScript 允许我们省略小括号、大括号，甚至 return 关键字，从而生成以下极其紧凑的代码：

```
> [1, 2, 3, 4].map(n => n * n);
[ 1, 4, 9, 16 ]
```

回归我们的主要示例，我们可以将整个操作看为"转换为小写、拆分、链接"的单个操作，并使用 map 对数组中的每个元素顺序地应用这一系列操作。通过这种操作获得的结果是非常紧凑的，并且容易在 REPL 中进行操作：

```
> let states = ["Kansas", "Nebraska", "North Dakota", "South Dakota"];
> states.map(state => state.toLowerCase().split(/\s+/).join('-'));
[ 'kansas', 'nebraska', 'north-dakota', 'south-dakota' ]
```

将其粘贴到 function.js 中，我们可以看到它是很简洁的，如代码清单 6-2 所示。

代码清单 6-2　使用 map 添加函数

functional.js

```
let states = ["Kansas", "Nebraska", "North Dakota", "South Dakota"];

// urls: 强制版本
function imperativeUrls(elements) {
  let urls = [];
  elements.forEach(function(element) {
    urls.push(element.toLowerCase().split(/\s+/).join("-"));
  });
  return urls;
}
console.log(imperativeUrls(states));

// urls: 函数版本
function functionalUrls(elements) {
  return elements.map(element => element.toLowerCase().split(/\s+/).join('-'));
}
console.log(functionalUrls(states));
```

我们可以在命令行中确认输出结果的一致性：

```
$ node functional.js
[ 'kansas', 'nebraska', 'north-dakota', 'south-dakota' ]
[ 'kansas', 'nebraska', 'north-dakota', 'south-dakota' ]
```

进行最后一点改进，让我们将字符串 URL 兼容的方法分解为一个单独的辅助函数 urlify：

```
// 返回字符串 URL 的友好版本
// 示例："North Dakota" -> "north-dakota"
function urlify(string) {
  return string.toLowerCase().split(/\s+/).join('-');
}
```

在 functional.js 中定义这个函数，并在命令式和函数式版本中使用它，如代码清单 6-3 所示。

代码清单 6-3　定义辅助函数

functional.js

```
let states = ["Kansas", "Nebraska", "North Dakota", "South Dakota"];

 // 返回字符串 URL 的友好版本
 // 示例："North Dakota" -> "north-dakota"
function urlify(string) {
  return string.toLowerCase().split(/\s+/).join("-");
}

////urls: 命令式版本
function imperativeUrls(elements) {
  let urls = [];
  elements.forEach(function(element) {
    urls.push(urlify(element));
  });
  return urls;
}
console.log(imperativeUrls(states));

//urls: 函数版本
function functionalUrls(elements) {
  return elements.map(element => urlify(element));
}
console.log(functionalUrls(states));
```

如之前所述，它们的输出结果是相同的：

```
$ node functional.js
[ 'kansas', 'nebraska', 'north-dakota', 'south-dakota' ]
[ 'kansas', 'nebraska', 'north-dakota', 'south-dakota' ]
```

与命令式版本相比，函数式版本的代码行数是命令式版本的 1/5（1 行代码替代 5 行内容），不会改变任何变量（这在命令式编程中通常是一个容易出错的步骤），并且完全消除了中间数组（url）。

练习

使用 map，编写一个函数，该函数接受 states 作为变量并返回表单的 URL 数组 https://example.com/<urlified form>。

6.2 Filter 函数

filter 函数允许我们根据一些布尔标准来过滤数据。

例如，假设我们希望从与 6.1 节中定义的相同的 states 数组入手，并返回一个只有一个单词的字符串组成的新数组。这是 filter 函数擅长做的事情，但正如 6.1 节所述，我们将先编写一个命令式的版本。步骤相当简单：

1. 定义一个数组来存储单个字符串单词；

2. 对于列表中的每个元素，如果通过空格将其拆分为长度为 1 的数组，则将其 push 到储存这些元素的数组中。

输出结果如代码清单 6-4 所示。

代码清单 6-4　通过强制方法解决过滤问题

functional.js

```
let states = ["Kansas", "Nebraska", "North Dakota", "South Dakota"];
.
.
.
// singles: 强制版本
function imperativeSingles(elements) {
  let singles = [];
  elements.forEach(function(element) {
    if (element.split(/\s+/).length === 1) {
      singles.push(element);
    }
  });
  return singles;
}
console.log(imperativeSingles(states));
```

请注意，我们在代码清单 6-4 中发现了代码清单 6-1 中用过的相同模式：首先定义一个辅助变量以保持原来的状态；然后在原始数组上进行循环，根据需要对变量进行操作；最后返回操作结果。虽然这种方法不是很完美，但它很有效：

```
$ node functional.js
[ 'kansas', 'nebraska', 'north-dakota', 'south-dakota' ]
[ 'kansas', 'nebraska', 'north-dakota', 'south-dakota' ]
[ 'Kansas', 'Nebraska' ]
```

现在让我们来看看如何使用 filter 函数执行相同的操作。与 6.1 节一样，我们将从 REPL 中的一个简单的数字示例开始。

我们将从取模运算符 % 开始，它返回一个整数在整除另一个整数后的余数。换句话说，17%5（读作"17 对 5 取模"）是 2，这是因为 17 中包含 3 个 5，余下 17−15=2。特别地，我们将对 2 取模的整数分为两类：偶数（对 2 取模余数为 0）和奇数（对 2 取模余数为 1）。代码如下：

偶数

数

/ 偶数

奇数

用 filter 来处理一组数字，并将其中的偶数过滤出来：

```
…3].filter(n => n % 2 === 0);
```

为……全相同：我们给 filter 传递一个变量（n），然后对其返回值

用 fil……代码清单 6-4 版本的函数确实更加简洁，正如 map 一样，
的那样……的（这在函数式编程很常见），正如我们在 REPL 中看到

```
> st……t(/\s+/).length === 1);
```

我们通……一次强调了函数版本编写代码的紧凑性（如代码
清单 6-5 所示……函数解决过滤问题

```
functional.
let states = […………Dakota", "South Dakota"];
.
.
.
// singles: 强制版本
function imperati…
  let singles = […
  elements.forEach(…
    if (element.spl…………) {
      singles.push(el…
    }
  });
  return singles;
}
console.log(imperativeSingles(states));

// singles: 函数版本
function functionalSingles(elements) {
  return elements.filter(element => element.split(/\s+/).length === 1);
}
console.log(functionalSingles(states));
```

结果是相同的：

```
$ node functional.js
[ 'kansas', 'nebraska', 'north-dakota', 'south-dakota' ]
[ 'kansas', 'nebraska', 'north-dakota', 'south-dakota' ]
```

```
[ 'Kansas', 'Nebraska' ]
[ 'Kansas', 'Nebraska' ]
```

练习

编写两个返回 Dakota 的 filter 函数：一个使用 String#includes（2.5 节）来测试字符串"Dakota"的存在，另一个使用正则表达式检测分割数组长度是否为 2。

6.3 Reduce 函数

强大的 reduce 是三者中最为复杂的一个。

因为 reduce 函数特别具有挑战性，我们将介绍两个示例。首先，我们将通过对数组进行迭代和通过函数式编程来对整数数组进行求和运算。其次，我们将创建一个普通 JavaScript 对象（4.4 节），它会将州名与其名称的字符长度相对应，结果展示如下：

```
{ "Kansas": 6,
  "Nebraska": 8,
  .
  .
  .
}
```

6.3.1 Reduce 的示例 1

我们将从求和函数的命令式编程开始，它通常包括一个 forEach 循环和一个辅助变量 total，我们使用 total 来累加结果。结果如代码清单 6-6 所示。

代码清单 6-6　对整数求和的命令式编程解决方案

functional.js

```
.
.
.
let numbers = [1, 2, 3, 4, 5, 6, 7, 8, 9, 10];

// sum: 强制性解决方案
function imperativeSum(elements) {
  let total = 0;
  elements.forEach(function(n) {
    total += n;
  });
  return total;
}
console.log(imperativeSum(numbers));
```

我们再次看到熟悉的模式：初始化一个辅助变量 total，然后在集合中进行循环，通过将循环到的每个数字添加到 total 来累计结果。

如预期所示，结果为 55。

```
$ node functional.js
[ 'kansas', 'nebraska', 'north-dakota', 'south-dakota' ]
[ 'kansas', 'nebraska', 'north-dakota', 'south-dakota' ]
[ 'Kansas', 'Nebraska' ]
[ 'Kansas', 'Nebraska' ]
55
```

下面是 reduce 解决方案。这有点棘手，所以我们在 REPL 中进行操作：

```
> let numbers = [1, 2, 3, 4, 5, 6, 7, 8, 9, 10];
> numbers.reduce((total, n) => {
    total += n;
    return total;
  }, 0);
55
```

读者可以这样来理解我所表达的"棘手"。reduce 函数接收两个参数，其中第一个参数是结果的累加器，第二个参数是数组元素本身。匿名函数的返回值被传回给 reduce 函数，作为数组中下一个元素进行累加操作的起始值。reduce 中第二个参数是累加器的初始值（本例中初始值为 0 ）。

我们可以做两个改进。首先，+= 运算符返回累计值，也就是我们可以在赋值操作的同时为其进行递增操作：

```
> let i = 0;
> let j = i += 1;
> i
1
> j
1
```

这意味着我们可以直接返回 `total += n`：

```
> numbers.reduce((total, n) => { return total += n }, 0);
55
```

其次，在默认情况下，数组中的第一个元素是初始值，在使用 reduce 函数时，我们往往从数组中的第二个元素开始进行累计，初始值为 0 的情况下可以省略第一个参数：

```
> numbers.reduce((total, n) => { return total += n });
55
```

将结果添加到示例文件中，与往常一样，与迭代版本（如代码清单 6-7 所示）相比，使用这种方式有了明显的改进。

代码清单 6-7　通过函数来实现整数求和

functional.js

```
.
.
.
let numbers = [1, 2, 3, 4, 5, 6, 7, 8, 9, 10];

// sum: 强制性解决方案
function imperativeSum(elements) {
  let total = 0;
  elements.forEach(function(n) {
```

```
      total += n;
    });
    return total;
  }

  console.log(imperativeSum(numbers));

  // sum: 函数式解决方案
  function functionalSum(elements) {
    return elements.reduce((total, n) =>  return total += n; );
  }
  console.log(functionalSum(numbers));
```

通过函数求和的结果应与命令式版本相同：

```
$ node functional.js
[ 'kansas', 'nebraska', 'north-dakota', 'south-dakota' ]
[ 'kansas', 'nebraska', 'north-dakota', 'south-dakota' ]
[ 'Kansas', 'Nebraska' ]
[ 'Kansas', 'Nebraska' ]
55
55
```

代码清单 6-7 给了我们一个对于 reduce 含义阐述的提示：它是一个函数，它接受数组的元素作为参数，并通过一些操作（在本例中是加法）来对它们进行处理。但是，情况往往不尽相同，我们在后面即将看到，我们将 reduce 返回值作为累计结果并将其返回值作为第一个参数（代码清单 6-7 中的 total）[⊖]往往更有用。

6.3.2　Reduce 的示例 2

为了帮助我们强化 reduce 的操作，让我们看第二个示例。如上所述，我们的任务是创建一个普通对象（关联数组），其键等于州名，值等于其字符串中的字符长度（这可能对计算有所帮助，例如，较长文档中单词出现频率的直方图）。我们可以通过初始化一个 length 对象，然后遍历各个州，将 length[state] 设置为相应的长度来强制解决这个问题。

```
lengths[state] = state.length;
```

完整的示例如代码清单 6-8 所示。

代码清单 6-8　州名 / 长度对应的强制命令解决方案

functional.js

```
.
.
.
// lengths: 强制性解决方案
function imperativeLengths(elements) {
  let lengths = {};
  elements.forEach(function(element) {
    lengths[element] = element.length;
  });
```

⊖　因此，reduce 有时在其他语言中被称为 accumulate。例如，《计算机程序的结构和解释》第 2 章中的"顺序操作"。

```
    return lengths;
}
console.log(imperativeLengths(states));
```

如果我们在命令行运行程序，所需的关联数组将显示为输出的最后一部分：

```
$ node functional.js
.
.
.
{ Kansas: 6, Nebraska: 8, 'North Dakota': 12, 'South Dakota': 12 }
```

使用 reduce 的函数式解决方案将更为复杂。与命令式解决方案一样，我们有一个
lengths 对象，但它不是辅助变量，而是函数的参数：

```
(lengths, state) => {
  lengths[state] = state.length;
  return lengths;
}
```

而且，reduce 函数的初始值不是 0，而是空对象 {}：

```
 reduce((lengths, state) => {
   lengths[state] = state.length;
   return lengths;
}, {});
```

请注意，以上这些是代码片段，而不是 REPL 会话；reduce（以及通常的函数式解决方
案）的一个缺点是它们很难逐步构建。我们稍后再作详细介绍。

结合以上思想，我们可以通过 reduce 遍历 states 数组，在 length 参数中累计关联数组
元素对应的长度值，然后返回它，如代码清单 6-9 所示。

代码清单 6-9　州名 / 长度对应的函数解决方案

functional.js

```
.
.
.
// lengths: 强制性解决方案
function imperativeLengths(elements) {
  let lengths = {};
  elements.forEach(function(element) {
    lengths[element] = element.length;
  });
  return lengths;
}
console.log(imperativeLengths(states));

// lengths: 函数式解决方案
function functionalLengths(elements) {
  return elements.reduce((lengths, element) => {
                            lengths[element] = element.length;
                            return lengths;
                          }, {});
}
console.log(functionalLengths(states));
```

尽管它在文本编辑器中被分割成多行，但代码清单 6-9 中的函数式解决方案返回了单个 reduce 的结果，这与 map（代码清单 6-2）和 filter（代码清单 6-5）的函数式方案非常相似。

返回结果与强制命令式解决方案相同：

```
$ node functional.js
.
.
.
{ Kansas: 6, Nebraska: 8, 'North Dakota': 12, 'South Dakota': 12 }
{ Kansas: 6, Nebraska: 8, 'North Dakota': 12, 'South Dakota': 12 }
```

对代码清单 6-9 中的命令式解决方案和函数式解决方案进行对比，reduce 展现出来的优点不像 map 和 filter 那样明显。事实上，命令式解决方案看起来更为直观。

最终使用哪种解决方式完全取决于个人习惯。我发现，我们进行的函数式编程越多，就越喜欢这样操作，通过使用 reduce 函数能够在一行代码中解决一个问题，进而给我们带来一种乐趣。值得注意的是，reduce 是高级程序员在编程中使用的一种常见技术，并且它还是高效处理大型数据集（称为 MapReduce）的一种重要技术，并且发挥着关键作用。

6.3.3　函数式编程和 TDD

在构建代码清单 6-9 时，读者可能已经注意到，函数式解决方案很难分解为单独的步骤。但是它的优点是，我们可以通过函数式解决方案的一行代码来完成一项操作，为此付出的代价是代码可能很难理解。事实上，我发现这是三巨头中三个函数的通用模式。它们的最终目的地往往非常简洁，但想要达到目的地确实是一项挑战。

我最喜欢的用于应对这一挑战的技术是测试驱动开发（TDD），这涉及编写一个自动测试程序，用以捕获代码中的对应行为。然后，我们可以让任何一个我们编写的函数通过测试，甚至可以包括一个糟糕的但易于理解的迭代解决方案。此时，我们可以对代码进行重构，改变其形式，但不改变其功能，以使用更简洁的函数式解决方案。只要测试仍然通过，我们就可以确信代码仍然有效。

在第 8 章中，我们将对第 7 章中开发的主要对象应用这项精确的技术。特别是，我们将使用 TDD 对 5.3 节中首次出现的回文函数进行扩展，该函数检测诸如"A man,a plan,a canal —Panama!"这样复杂的回文字符。

6.3.4　练习

1. 使用 reduce 编写一个函数，返回数组中所有元素的乘积。提示：其中 += 表示加法，*= 表示乘法。

2. 在代码清单 6-9 中删除 reduce 解决方案中的换行符，并将其转换为一条长行。它仍然会给出正确的答案吗？生成的代码行有多长？

第 7 章 *Chapter 7*

对象和原型

在 4.4 节中，我们学习了如何创建内置原生对象，并将其用作键 – 值对形式的简单关联数组。在本章中，我们将创建更为通用的 JavaScript 对象，这些对象具有属性（数据）和方法（函数）。

7.1 定义对象

在 JavaScript 中定义对象的方法多种多样，下面介绍一种最经典的定义对象的方法，即函数（参见第 5 章）。输出结果将是一个构造器函数对象，通过它我们可以使用在 4.2 节中学到的 new 语法来创建（或实例化）一个新对象（实例）。

首先定义一个 Phrase 对象，目标是通过 Phrase 对象来展示类似于"Madam, I'm Adam."这样的短语，我们也可就将其称为回文，即使它不算严格意义上的回文短语。这需要定义一个 Phrase 构造函数，该函数接收一个参数（content）并设置属性内容。定义好这个函数后我们会将其放到对应的执行文件中，可以在 REPL 中查看运行效果：

```
> function Phrase(content) {
    this.content = content;
  }
```

在 Phrase 函数中，this 指向对象本身，我们可以像在 4.4 节中进行的操作那样，为其设置一个属性。

定义构造函数 Phrase 最终可以实现的效果是通过执行 new Phrase 来创建一个新 Phrase 对象：

```
> let greeting = new Phrase("Hello, world!");
```

与 2.4 节中 String 对象的 length 属性类似，可以通过使用熟悉的"点号"表示法来访问 Phrase 对象的内容：

```
> greeting.content;
'Hello, world!'
```

注意，对象名通常遵循 CamelCase 规则，以大写字母开头（与变量不同，变量以小写字母开头）。到目前为止，我们看到的所有原生对象，包括 String、Array、Date 和 RegExp，都遵循这种命名约定。

其次，构建一个可以检测回文的 Phrase 对象，并在 5.3 节中创建的 palindrome.js 文件中进行使用。作为参考，下面复现了文件的内容，以及简单的 Phrase 对象定义过程（见代码清单 7-1）。注意，代码清单 7-1 是代码清单 5-11 中 reverse 方法的改进版本。

代码清单 7-1　Phrase 对象的原始定义方法

palindrome.js

```
// 反转字符串
function reverse(string) {
  return Array.from(string).reverse().join("");
}

// 如果是回文，返回 true；否则返回 false
function palindrome(string) {
  let processedContent = string.toLowerCase();
  return processedContent === reverse(processedContent);
}

// 定义一个 Phrase 对象
function Phrase(content) {
  this.content = content;
}
```

通过在 REPL 中运行以下程序可检查并查看报错：

```
> .load palindrome.js
> phrase = new Phrase("Racecar");
> phrase.content;
'Racecar'
```

下一步，把 palindrome 函数添加到 Phrase 对象中，并将其作为一个方法。这样做的方法是将函数直接赋给回文属性——实际上，方法是绑定到函数的属性。

由于所需的 content 字符串在方法中可用作 this.content，palindrome 函数不再需要将其作为参数。这使我们可以将 palindrome 从接收一个变量的函数变为不要需要变量的函数。换句话说，我们将

```
function palindrome(string) {
  let processedContent = string.toLowerCase();
  return processedContent === reverse(processedContent);
}
```

变为

```
this.palindrome = function palindrome() {
```

```
    let processedContent = this.content.toLowerCase();
   return processedContent === reverse(processedContent);
 }
```

将 palindrome 方法放到 Phrase 方法中适当的位置，得到代码清单 7-2 所示的代码。注意，即使在对象定义内部，我们也可以使用 reverse 方法。我们将在 7.3 节中用一种更简便的方式来反转字符串。

代码清单 7-2　将 palindrome 内置到方法中

palindrome.js

```
// 反转字符串
function reverse(string) {
  return Array.from(string).reverse().join("");
}

// 定义一个 Phrase 对象
function Phrase(content) {
  this.content = content;

  //如果短语是回文，返回 true；否则返回 false
  this.palindrome = function palindrome() {
    let processedContent = this.content.toLowerCase();
    return processedContent === reverse(processedContent);
  }
}
```

在 REPL 中加载文件来检测其是否正常运行：

```
> .load palindrome.js
> phrase = new Phrase("Racecar");
> phrase.palindrome();
true
```

虽然代码清单 7-2 中的回文检测器相当初级，但我们现在已经为第 8 章中构建（和测试）更复杂的回文检测奠定了良好的基础。

练习

通过填充代码清单 7-3 中的代码，为 Phrase 对象添加一个 louder 方法，该方法返回内容的全大写版本。在 REPL 中检查结果如代码清单 7-4 所示。

代码清单 7-3　将传递的内容全部转为大写形式

palindrome.js

```
// 定义一个 Phrase 对象
function Phrase(content) {
  this.content = content;

  // 将短语全部大写
  this.louder = function() {
    // 写入
  };
}
```

代码清单 7-4　在 REPL 中运行 louder 函数

```
> .load palindrome.js
> let p = new Phrase("yo adrian!");
> p.louder();
'YO ADRIAN!'
```

7.2　原型

如果读者查看 JavaScript 对象系统的详细信息，会发现它是"基于原型"的。例如，Mozilla 开发者网站关于对象原型的文章（https://developer.mozilla.org/en-US/docs/Learn/JavaScript/Objects/Object_prototypes）写道："JavaScript 通常被描述为一种基于原型的语言——每个对象都有一个原型对象，该对象充当被继承方法和属性的模板对象。一个对象的原型对象可能也有一个原型对象，它从中继承方法和属性，这通常被称为原型链，并解释了为什么不同对象可以使用在其他对象上定义的属性和方法。"

这个解释是很恰当的，但根据我的经验，这种解释也会令人困惑，除非读者已经了解原型链的原理。我认为读者很难通过阅读这样的定义来理解对象系统。所以，我们还是通过具体的示例来进行阐述与概括。

将 Phrase 作为原型，据此创建一个名为 TranslatedPhrase 的新对象。首先回顾代码清单 7-2 中定义的 Phrase 对象，该对象具有 content 属性和 palindrome 方法（见代码清单 7-5）。

代码清单 7-5　当前的 Phrase 对象

palindrome.js

```
// 反转字符串
function reverse(string) {
  return Array.from(string).reverse().join("");
}

// 定义一个 Phrase 对象
function Phrase(content) {
  this.content = content;

  this.palindrome = function palindrome() {
    let processedContent = this.content.toLowerCase();
    return processedContent === reverse(processedContent);
  }
}
```

下一步是为其添加一个 processedContent 方法，从逻辑上讲，它是一个独立的操作，并且可能是稍后需要变更的部分。结果如代码清单 7-6 所示。

代码清单 7-6　添加 processedContent 方法

palindrome.js

```
// 反转字符串
function reverse(string) {
  return Array.from(string).reverse().join("");
}

// 定义一个 Phrase 对象
```

```
function Phrase(content) {
  this.content = content;

  // 返回回文测试处理的内容
  this.processedContent = function processedContent() {
    return this.content.toLowerCase();
  }

  // 如果短语是回文，返回 true；否则返回 false
  this.palindrome = function palindrome() {
    return this.processedContent() === reverse(this.processedContent());
  }
}
```

下面定义第二种 Phrase 对象——TranslatedPhrase，它有 content 和 translation 属性。首先定义两个属性——content 和 translation，如代码清单 7-7 所示。

代码清单 7-7 定义 TranslatedPhrase 对象

palindrome.js

```
.
.
.
// 定义一个 TranslatedPhrase 对象
function TranslatedPhrase(content, translation) {
  this.content = content;
  this.translation = translation;
}
```

为 TranslatedPhrase 添加 palindrome 方法，可以复制并粘贴 Phrase 中的方法，如下所示：

```
function TranslatedPhrase(content, translation) {
  this.content = content;
  this.translation = translation;

  // 返回回文测试处理的内容
  this.processedContent = function processedContent() {
    return this.content.toLowerCase();
  }

  // 如果短语是回文，返回 true；否则返回 false
  this.palindrome = function palindrome() {
    return this.processedContent() === reverse(this.processedContent());
  }
}
```

但这将产生冗余代码，违反了 DRY 原则（见方框 7-1）。

方框 7-1 不要写重复的代码

　　如果你浏览过互联网上的一些开发者论坛，你会注意到开发者们会经常提及保持 DRY 的代码风格，DRY 是 dry 的大写全拼形式。他们不是在谈论相对湿度水平。他们所谈论的是编程中的一个核心原则：不要写重复的代码。

　　DRY 的理念是，好的代码应该尽可能少地包含不必要的重复，因为如果你在很多地方都

有相同的代码，那么每次进行更改时，都必须更新应用程序中所有不同位置的重复代码。例如，如果你想更改 palindrome 方法的定义，你必须对定义它的每个对象进行相同的更改。如果只有两个对象，虽然有点难看，但是很好进行变更，但对于更大的项目来说，这将是一场噩梦。

继承就是其中之一。它允许对象继承其他对象的属性，因此它们所通用的任何方法都只需定义一次。产生的结果是，我们可以只定义一次 palindrome 方法，然后让其他对象从父方法上继承 palindrome。在 JavaScript 中，我们把这样做的机制称为原型系统。

相反，我们将使用面向对象编程中一个叫作继承的重要思想，并将 TranslatedPhrase 直接从 Phrase 那继承所需的 palindrome 方法。在 JavaScript 中实现这一点的方法是将第二个对象类型的 prototype 设置为等于第一个对象的实例，即，我们需要将 TranslatedPhrase.prototype 设置为 new Phrase()，如代码清单 7-8 所示。

代码清单 7-8 使用 Phrase 原型定义 TranslatedPhrase 对象

palindrome.js

```
.
.
.
// 定义一个 TranslatedPhrase 对象
function TranslatedPhrase(content, translation) {
  this.content = content;
  this.translation = translation;
}
TranslatedPhrase.prototype = new Phrase();
```

由于 TranslatedPhrase 的原型属性已设置为 Phrase 对象，TranslatedPhrase 的实例将默认具有 Phrase 实例的所有方法，包括 palindrome。让我们创建一个名为 frase 的变量（发音为 "FRAH-seh"，西班牙语中的 "短语"），如代码清单 7-9 所示。

代码清单 7-9 定义 TranslatedPhrase

```
> .load palindrome.js
> let frase = new TranslatedPhrase("recognize", "reconocer");
> frase.palindrome();
false
```

我们可以看到 frase 中有一个 palindrome() 方法，并且返回值为 false，这是因为 "recognize" 不是回文。

但是，如果我们想使用 translation 属性而不是 content 属性来检测该短语是否是回文，需要将 processedContent 拆分为一个单独的方法（代码清单 7-6），所以我们可以通过重写 TranslatedPhrase 中的 processedContent 方法来实现这一点，如代码清单 7-10 所示。

代码清单 7-10 重新定义方法

palindrome.js

```
// 反转一个字符串
function reverse(string) {
  return Array.from(string).reverse().join("");
}
```

```
// 定义一个 Phrase 对象
function Phrase(content) {
  this.content = content;

  // 返回回文测试处理的内容
  this.processedContent = function processedContent() {
    return this.content.toLowerCase();
  }

  // 如果短语是回文，返回 true；否则返回 false
  this.palindrome = function palindrome() {
    return this.processedContent() === reverse(this.processedContent());
  }
}

// 定义一个 TranslatedPhrase 对象
function TranslatedPhrase(content, translation) {
  this.content = content;
  this.translation = translation;

  //返回回文测试处理的翻译
  this.processedContent = function processedContent() {
    return this.translation.toLowerCase();
  }
}

TranslatedPhrase.prototype = new Phrase();
```

代码清单 7-10 中的关键在于 this.translation，而不是 processedContent 在 TranslatedPhrase 版本中的 this.content，因此 JavaScript 才能知道使用的不是 Phrase 中的内容。由于"reconocer"译是回文，所以我们得到的结果与代码清单 7-9 中的结果不同，如代码清单 7-11 所示。（请注意，我们需要重新指定 frase，以便使用最新版本的 TranslatedPhrase。）

代码清单 7-11　为 TranslatedPhrase 定义 processedContent

```
> .load palindrome.js
> frase = new TranslatedPhrase("recognize", "reconocer");
> frase.palindrome();
true
```

这种复写方法具有灵活性。我们可以跟踪 frase.palindrome() 在两种不同的情况下的执行结果。

案例 1：代码清单 7-8 和代码清单 7-9

1.frase.palindrome() 调用 frase 实例上的 palindrome()，这是一个 TranslatedPhrase。由于 TranslatedPhrase 对象中没有 palindrome() 方法，所以 JavaScript 使用继承自 Phrase 的方法。

2.Phrase 中的 palindrome() 方法调用 processedContent() 方法。由于 TranslatedPhrase 对象中没有 processedContent() 方法，所以 JavaScript 使用继承自 Phrase 的方法。

3. 结果是将 this.content 的处理版本与其自身的反向版本进行对比。由于"recognize"不是回文，所以输出结果是 false。

案例 2：代码清单 7-10 和代码清单 7-11

1. frase.palindrome() 调用 frase 实例上的 palindrome() 方法，这是一个 TranslatedPhrase。与案例 1 一样，TranslatedPhrase 对象中没有 palindrome() 方法，因此 JavaScript 使用继承自 Phrase 的方法。

2. Phrase 中的 palindrome() 方法调用 processedContent() 方法。因为在 TranslatedPhrase 对象中有一个 processedContent() 方法，所以 JavaScript 使用 TranslatedPhrase 中的 processedContent() 方法而不是来自 Phrase 的方法。

3. 结果是将 this.translation 的处理版本与其自身的反向版本进行比较。因为"reconocer"是回文，所以输出结果是 true。

练习

填写代码清单 7-10 中的代码后，Phrase 和 TranslatedPhrase 都对 toLowerCase 方法进行了显式调用。通过填写代码清单 7-12，定义一个适当的 processor 方法来消除这种重复调用，并返回 content 的小写版本。

代码清单 7-12　使用 processor 方法消除重复

palindrome.js

```javascript
// 反转一个字符串
function reverse(string) {
  return Array.from(string).reverse().join("");
}

function Phrase(content) {
  this.content = content;

  this.processor = function(string) {
    // 填充
  }

  this.processedContent = function processedContent() {
    return this.processor(this.content);
  }

  // 如果短语是回文，返回 true；否则返回 false
  this.palindrome = function palindrome() {
    return this.processedContent() === reverse(this.processedContent());
  }
}

function TranslatedPhrase(content, translation) {
  this.content = content;
  this.translation = translation;

  // 返回回文测试处理的翻译
  this.processedContent = function processedContent() {
    return this.processor(this.translation);
  }
}
```

7.3 变更原生对象

作为理解 JavaScript 原型链的最后一步，我们将学习如何修改原生 JavaScript 对象。具体来说，就是为 String 对象添加代码清单 5-11 中的 reverse 方法。

读者应该注意，我们要做的操作是有争议的。正如 Mozilla 开发者网站所言（https://developer.mozilla.org/en-US/docs/Web/JavaScript/Inheritance_and_the_prototype_chain）（原文强调）：

错误做法：原生原型的扩展

经常使用到的一个错误做法是扩展 Object.prototype 或其他内置原型。

这种技术被称为猴式补丁或破坏封装。这种做法虽然被流行的框架（如 Prototype.js）使用，但我们仍然不能将内置类型与补充的非标准功能混为一谈。

扩展内置原型的唯一好处是支持更新的 JavaScript 引擎（如 Array.forEach）所具有的功能。

一旦我们知道扩展内置原型的时间和原因，我们就不会遵循 Mozilla 开发者网站的规则。可以肯定，修改原生对象是一种强大的能力，但我们不会被动地接受 MDN 的建议，而是坚持 Ruby on Rails web 框架的创建者 David Heinemeier Hansson 所倡导的思想。正如 DHH 所说，"不要让任何人告诉你强大的技术的'可怕性'，让它主动来激发你的好奇心"。

考虑到这些注意事项，下面看看如何向 String 添加 reverse 函数。诀窍是将函数直接分配给 String.prototype 属性，正如在 REPL 中看到的那样：

```
> String.prototype.reverse = function() {
    return Array.from(this).reverse().join("");
  }
```

完成此赋值后，就可以直接对文本字符串调用 reverse 方法：

```
> "foobar".reverse();
'raboof'
> "Racecar".reverse();
'racecaR'
```

这对字符串变量同样适用：

```
> let string = "Able was I ere I saw Elba";
> string.reverse();
'ablE was I ere I saw elbA'
```

用上面的代码替换 palindrome.js 中的 reverse 方法，得到代码清单 7-13。（我们已经删除了 TranslatedPhrase 对象，因为演示中不再需要这个对象了。）

代码清单 7-13　在 processedContent 中使用 reverse 方法

palindrome.js

```
// 在所有 string 对象中添加 reverse 方法
String.prototype.reverse = function() {
  return Array.from(this).reverse().join("");
}

// 定义一个 Phrase 对象
function Phrase(content) {
```

```
  this.content = content;

  // 返回回文测试处理的内容
  this.processedContent = function processedContent() {
    return this.content.toLowerCase();
  }

  // 如果短语是回文，返回 true；否则返回 false
  this.palindrome = function palindrome() {
    return this.processedContent() === this.processedContent().reverse();
  }
}
```

根据需要，我们的代码仍然正确地找到回文：

```
> .load palindrome.js
> let napoleonsLament = new Phrase("Able was I ere I saw Elba");
> napoleonsLament.palindrome();
true
```

我们是否可以将 palindrome() 方法添加到 String 对象本身，这是值得思考的。答案部分取决于不同的编程语言。一些语言，如 Ruby，对于向原生对象添加方法相对宽容，只要不滥用这一技术即可。在 JavaScript 中，根据 MDN 的建议，不要添加非标准功能，我们坚持添加 reverse，这可以作为 String 对象的一部分（事实上，某些语言确实包含一个原生字符串的 reverse 方法）。

练习

1. 向 String 对象原型添加一个空白方法，如果字符串为空或仅由空格（空格、制表符或换行符）组成，则返回 true。提示：使用正则表达式（4.3.2 节）。字符串的开头和结尾需要正则表达式语法（见图 7-1）。

2. 使用你喜欢的任何方法（直接索引或切片），向 Array 对象原型添加一个 last 方法，该方法用于返回数组的最后一个元素。

提示：请参阅 3.3 节。

QUICK REFERENCE		⌄
★ **common tokens** ✔	Zero or more of a	a*
⊙ general tokens	One or more of a	a+
⚓ anchors	Exactly 3 of a	a{3}
⊕ meta sequences	3 or more of a	a{3,}
✱ quantifiers	Between 3 and 6 of a	a{3,6}
⊙ group constructs	Start of string	^
▦ character classes	End of string	$
⚑ flags/modifiers	A word boundary	\b
✂ substitution	Non-word boundary	\B

图 7-1 从开始到结束，空字符串都是空格

第 8 章 Chapter 8

测试和测试驱动开发

尽管在入门编程教程中很少涉及，但自动化测试是现代软件开发中最重要的主题之一。因此，本章介绍了在 JavaScript 中进行的测试，包括测试驱动开发（TDD）。

6.3.3 节对测试驱动开发进行了简要介绍，该节承诺我们将使用测试技术为查找回文添加一项重要功能，即能够检测复杂的回文，如"A man,a plan,a canal—Panama!"或"Madam,I'm Adam"。本章将兑现这一承诺。

事实证明，学习如何编写 JavaScript 测试程序也将让我们有机会学习如何创建和使用 NPM 模块的自包含软件包，这是另一种相当实用的现代 JavaScript 技能。

除了测试 NPM 模块外，在 Web 应用程序中测试 JavaScript 程序也是可行的，但标准化程度较低，而且往往与底层浏览器和操作系统紧密耦合。因此，本书重点介绍测试背后的基本思想，从而为以后可能遇到的浏览器测试做准备。

下面是我们测试当前回文代码并将其扩展到检测更复杂短语的思路：

1. 设置我们的自动测试系统（8.1 节）；
2. 为现有 palindrome 功能编写自动测试用例（8.2 节）；
3. 为增强型回文检测器编写一个失败的测试用例（8.3 节）；
4. 编写（可能很难看的）代码以通过测试（8.4 节）；
5. 重构代码以使其更美观，同时确保能够通过全套测试流程（8.5 节）。

8.1 测试设置

我们选择的测试工具是 Mocha(https://mochajs.org/)，一个强大的 Node.js 测试框架。我们可以使用 Node Package Manager 或 NPM 来安装它，它随 Node 自动安装。我们使用带

有 --global 标志的 npm 命令进行全局安装（其中 npm 命令作为 Node.js 的一部分，自动包含进去）：

```
$ npm install --global mocha
```

NPM 模块的一般规则是，如果你想访问相应的可执行文件（在本例中是 mocha），则对其进行全局安装。如果你希望模块成为当前项目的一部分，则在本地安装（通过省略 --global 标志）。我们将从 9.1 节看到后一种情况的示例。

作为第二步设置，我们还必须将 palindrome.js 配置为 NPM 模块本身。这是因为（如 5.3 节所述）JavaScript 没有原生方法能够将一个源文件的功能包含在另一个源文件中（对于一种编程语言来说，这是一种不寻常的状态，这种情况往往是由 JavaScript 在浏览器中的根目录所致）。在这种情况下，我们希望能够在网页（见第 9 章）和 shell 脚本（见第 10 章）中使用回文检测器。幸运的是，Node 中包含一个名为 require 的特殊函数来完成此任务，因此代码将包含当前应用程序中相应模块的功能。

```
require(<module name>)
```

我们的回文检测器将作为独立模块存在。也就是说，它将是自包含的，并适合被包含在其他程序（网页、shell 脚本，甚至其他模块）中。因此，我们将把模块的所有代码放在一个单独的目录中，称为 palindrome。

```
$ cd ~/repos/
$ mkdir palindrome
$ cd palindrome
```

接下来，我们通过将前几节中开发的 palindrome.js 文件复制到文件 index.js 中（这是 NPM 模块中主文件的标准名称）来开始学习我们的 palindrome 模块。

```
$ cp ~/repos/js_tutorial/palindrome.js index.js
```

在本章的其余部分，我们将此文件改编为完整的回文检测器。

由于目录现在是非空的，我们可以通过 Git 控制其版本：

```
$ git init
$ git add -A
$ git commit -m "Initialize repository"
```

此时，我建议按照 1.2.1 节中的说明在 GitHub 上为该模块创建一个公共存储资源库。这一操作还将为你提供一个 GitHub repo URL，以供下一步使用。

为了新建一个模块，npm 程序附带了一个名为 npm init 的有用命令，其中包含一系列交互式问题。我建议运行 npm init 并参考代码清单 8-1 对值进行填充；特别是确保使用 mocha 作为"测试命令"，并使用 0.1.0 作为版本号（见方框 8-1）。（在 8.5 节发布模块时，我们将了解更多有关版本控制过程的内容。）另外，请注意，我已经使用标准用户名（mhartl）确定了包名称，遵从以下规则：

```
"name": "mhartl-palindrome"
```

而不是:

```
"name": "palindrome"
```

这样做是为了让阅读本书的每个人都可以创建一个单独的模块，所以你应该用一个唯一的用户名来替代代码清单 8-1 中的 mhartl。

代码清单 8-1　初始化 NPM 模块

```
$ npm init
package name: (mhartl-palindrome)
version: (0.1.0)
description: Palindrome detector
entry point: (index.js)
test command: mocha
git repository: https://github.com/mhartl/mhartl-palindrome
keywords: palindrome learn-enough javascript
author: Michael Hartl
license: (ISC)
About to write to /Users/mhartl/repos/palindrome/package.json:

{
  "name": "mhartl-palindrome",
  "version": "0.1.0",
  "description": "Palindrome detector",
  "main": "index.js",
  "scripts": {
    "test": "mocha"
  },
  "repository": {
    "type": "git",
    "url": "https://github.com/mhartl/mhartl-palindrome"
  },
  "author": "Michael Hartl",
  "license": "ISC"
}
```

代码清单 8-1 的输出结果是一个名为 package.json 的文件，它使用 JavaScript Object Notation 或 JSON 记录模块的配置。

方框 8-1　语义版本控制（Semver）

读者可能已经注意到，在代码清单 8-1 中，我们为新模块使用了版本号 0.1.0。前导零表示我们的包处于早期阶段，通常被称为"beta"（对于非常早期的项目，我们甚至使用"alpha"）。

我们可以通过增加版本中的中间数字来表示更新，例如，从 0.1.0 到 0.2.0、0.3.0 等。错误修复是通过增加最右边的数字来表示的，如 0.2.1、0.2.2，并且版本 1.0.0 代表了一个成熟的版本（适合其他人使用，并且可能不能反向兼容早期版本）。

在达到 1.0.0 版本后，进一步的更改遵循相同的通用模式：1.0.1 将代表次要更改（"补丁发布"），1.1.0 将代表新的（且向后兼容的）功能（"次要发布"），2.0.0 将代表主

> 要或向后不兼容的更改（"主要发布"）。
>
> 　　这些编号约定被称为语义版本控制，简称 semver。想了解更多有关信息，请参阅 NPM 关于如何使用语义版本进行控制的文章（https://docs.npmjs.com/about-semantic-versioning）。

进行测试模块准备工作的最后一步是导出 Phrase 对象，以便在其他文件中使用。（我们将在 8.2 节中了解如何导入 Phrase。）只需要一个可以放在文件顶部的 export 行（如代码清单 8-2 所示）。

代码清单 8-2　导出 Phrase 对象

~/repos/palindrome/index.js

```javascript
module.exports = Phrase;

// 为每一个字符串添加 reverse 功能
String.prototype.reverse = function() {
  return Array.from(this).reverse().join("");
}

// 定义一个 Phrase 对象
function Phrase(content) {
  this.content = content;

  // 返回为回文测试处理的内容
  this.processedContent = function processedContent() {
    return this.content.toLowerCase();
  }

  // 如果短语是回文，则返回 true，否则返回 false
  this.palindrome = function palindrome() {
    return this.processedContent() === this.processedContent().reverse();
  }
}
```

练习

正如 NPM 指南（https://docs.npmjs.com/about-package-readme-files）"如何发布和更新软件包"（https://docs.npmjs.com/packagesand-modules/contributing-packages-to-the-registry）中指出的那样，最好包含一个 "README" 文件，其中包含模块信息。创建一个名为 readme.md 的文件，并在其中填充有关模块的信息。后续，可以使用 readme 文件 (https://github.com/mhartl/mhartl-palindrome#phraseobject-with-palindrome-detector) 作为参考。

8.2　初始化测试范围

完成 8.1 节的准备工作后，我们现在可以开始进行自动化测试了。我们将首先创建一个 test 目录和 test.js 文件：

```
$ mkdir test/
$ touch test/test.js
```

现在我们需要用 palindrome 方法的测试代码填充 test.js。我们首先使用 require 函数为 test.js 添加两个 NPM 模块，这也是 Node 从外部文件导入功能的方式。第一个是 assertion 库，它允许我们判断测试中的内容是正确的；第二个是 Phrase 对象本身。

```
let assert = require("assert");
let Phrase = require("../index.js");
```

接下来，我们将使用 assert 库中的两个函数，名为 describe 和 it。describe 函数接收字符串和另一个函数作为参数。例如，要描述 Phrase 对象，我们可以这样做：

```
describe("Phrase", function() {
```

接下来，因为我们要在 Phrase 对象中测试 palindrome，所以我们将通过第二次调用 describe 来进行嵌套。特别是，正如我们在第 3.2 节中看到的，指示对象方法通常是在方法前面使用哈希标记 #(Phrase#palindrome)，我们可以在测试中表示如下：

```
describe("Phrase", function() {
  describe("#palindrome", function() {
```

最后，在 describe 函数中，我们将添加对 it 函数的调用，it 函数接收一个字符串和一个函数作为参数：

```
describe("Phrase", function() {

  describe("#palindrome", function() {

    it("should return false for a non-palindrome", function() {
      let nonPalindrome = new Phrase("apple");
      assert(!nonPalindrome.palindrome());
    });
    .
    .
    .
```

这里我们使用 assert 判定"apple"不是回文，其中"not"与往常一样用！表示（2.4.1 节）。通过相同的方式，我们可以再调用一次 it 来测试一个简单的回文（字面上前后相同的回文）：

```
it("should return true for a plain palindrome", function() {
  let plainPalindrome = new Phrase("racecar");
  assert(plainPalindrome.palindrome());
});
```

结合以上讨论中的代码，我们得到了初始测试文件，如代码清单 8-3 所示。

代码清单 8-3　我们的初始测试套件

~/repos/palindrome/test/test.js

```
let assert = require("assert");
let Phrase = require("../index.js");

describe("Phrase", function() {
```

```
describe("#palindrome", function() {

  it("should return false for a non-palindrome", function() {
    let nonPalindrome = new Phrase("apple");
    assert(!nonPalindrome.palindrome());
  });

  it("should return true for a plain palindrome", function() {
    let plainPalindrome = new Phrase("racecar");
    assert(plainPalindrome.palindrome());
  });
 });
});
```

可以说现在才是真正的测试。为了运行一组测试或测试套件，我们只需运行 npm test（如代码清单 8-4 所示），它（由于 8.1 节中的配置）在引擎中使用 mocha 命令。

代码清单 8-4　初始化后的测试套件通过

```
$ npm test

  Phrase
    #palindrome()
      ✓ should return false for a non-palindrome
      ✓ should return true for a plain palindrome

  2 passing (6ms)
```

测试应为 GREEN，表示它们现在处于测试通过状态。

8.2.1　挂起的测试

在继续之前，我们将添加一些挂起测试，它们表示我们想要编写测试的占位符 / 提醒。编写挂起测试的方法是只对 it 传递字符串参数（省略函数），如代码清单 8-5 所示。

代码清单 8-5　添加两个挂起的测试

~/repos/palindrome/test/test.js

```
let assert = require("assert");
let Phrase = require("../index.js");

describe("Phrase", function() {

  describe("#palindrome", function() {

    it("should return false for a non-palindrome", function() {
      let nonPalindrome = new Phrase("apple");
      assert(!nonPalindrome.palindrome());
    });

    it("should return true for a plain palindrome", function() {
      let plainPalindrome = new Phrase("racecar");
      assert(plainPalindrome.palindrome());
    });
    it("should return true for a mixed-case palindrome");
```

```
  it("should return true for a palindrome with punctuation");
 });
});
```

通过重新运行测试套件（如代码清单 8-6 所示），我们可以看到代码清单 8-5 的结果。

代码清单 8-6　代码清单 8-5 中的挂起测试通过

```
$ npm test

  Phrase
    #palindrome
      ✓ should return false for a non-palindrome
      ✓ should return true for a plain palindrome
      - should return true for a mixed-case palindrome
      - should return true for a palindrome with punctuation
  2 passing (6ms)
  2 pending
```

现在 Mocha 显示有两个挂起的测试。（有时人们会将一个测试套件的通过与否与红绿灯的红 – 黄 – 绿颜色方案进行类比，并将挂起测试称为黄色。）

编写用来检测包含混合大小写的回文字符串的测试留作练习（解决方案见下一节），而填写第二个挂起测试是 8.3 节和 8.4 节的主要内容。

8.2.2　练习

1. 通过填写代码清单 8-7 中的代码，为形如"RaceCar"的混合大小写回文添加测试。测试套件仍然是通过（GREEN）的吗？

代码清单 8-7　为混合大小写回文添加测试

~/repos/palindrome/test/test.js

```
  .
  .
  .
it("should return true for a mixed-case palindrome", function() {
  let mixedCase = new Phrase("RaceCar");
  // 填写代码
});
  .
  .
  .
```

2. 为了 100% 确定我们正在测试的内容，一个好办法是故意破坏测试来达到失败状态（RED）。逐步修改应用程序代码，破坏每个现有的测试，在恢复原始代码后确认它们再次变为 GREEN。代码清单 8-8 为一示例代码，它会破坏前面练习中的测试（但不会影响其他测试）。（先编写测试的一个优点是，RED–GREEN 循环自动发生。）

代码清单 8-8　故意破坏测试不通过

~/repos/palindrome/index.js

```
module.exports = Phrase;

// 为每个字符串添加 reverse 方法
```

```
String.prototype.reverse = function() {
  return Array.from(this).reverse().join("");
}

// 定义一个 Phrase 对象
function Phrase(content) {
  this.content = content;

  // 返回为回文测试处理的内容
  this.processedContent = function processedContent() {
    return this.content;
  }

  // 如果短语是回文，则返回 true，否则返回 false
  this.palindrome = function palindrome() {
    return this.processedContent() === this.processedContent().reverse();
  }
}
```

8.3 RED（测试不通过）

在本节中，我们将在检查复杂回文方面迈出重要的一步，其中复杂的回文是形如"Madam, I'm Adam."和"A man, a plan, a canal—Panama!"。与我们以前遇到的字符串不同，即使我们忽略了大写，这些同时包含空格和标点符号的短语也并不是严格意义上的回文。因此，我们必须找到一种只选择字母的方法，然后查看生成的字母前后是否相同，而不是按原样测试字符串。

虽然通过代码来实现这一点相当棘手，但它的测试很简单。这是测试驱动开发引人注目的情况之一（见方框 8-2）。我们可以编写简单的测试，从而获取 RED（测试不通过），然后以任何我们希望的方式来编写应用程序代码以达到 GREEN（测试通过）(8.4 节)。此时，通过测试来避免程序中还存在一些错误问题，之后我们就可以放心地更改应用程序代码（8.5 节）。

方框 8-2　何时进行测试

在决定测试时间和测试方式时，了解为什么要进行测试是很有帮助的。在我看来，编写自动化测试主要有三个好处：

1. 测试可防止出现倒退，即某个功能部件因某种原因停止工作；

2. 测试使代码更有信心地重构（即，在不改变其功能的情况下改变其形式）；

3. 测试充当应用程序代码的客户端，从而帮助确定其设计及其与系统其他部分的接口。

尽管上述好处都不要求提前编写测试，但在许多情况下，测试驱动开发（TDD）是一个非常有价值的工具。决定何时以及如何测试在一定程度上取决于你写测试的熟练度。许多开发人员发现，随着他们越来越擅长编写测试，他们更倾向于先编写测试。这还取决于测试相对于应用程序代码的难度，所需功能的已知精度，以及该功能在未来中断的可能性。

在这种情况下，制定一套关于何时应该先进行测试（或根本不测试）的指南是很有帮助的。以下是根据我自己的经验提出的一些建议：

❑ 当测试与所测试的应用程序代码相比特别短或简单时，倾向于先编写测试。

❑ 当所需的行为尚不明确时，倾向于先编写应用程序代码，然后编写测试以检测编码结果。

❑ 每当发现错误时，编写一个测试来重现它并防止回归，然后编写应用程序代码来修复它。

❑ 在重构代码之前编写测试，重点测试特别容易出错的代码。

我们将首先编写一个带有标点符号的回文测试，这与代码清单 8-3 中的测试类似：

```
it("should return true for a palindrome with punctuation", function() {
  let punctuatedPalindrome = new Phrase("Madam, I'm Adam.");
  assert(punctuatedPalindrome.palindrome());
});
```

更新后的测试套件如代码清单 8-9 所示，其中还包括代码清单 8-7 中练习的解决方案。（为了简洁起见，代码清单 8-9 中只突出显示了新的 let 和 assert，但还应该包括 it。）

代码清单 8-9　为带标点的回文添加测试（RED，测试不通过）

~/repos/palindrome/test/test.js

```
let assert = require("assert");
let Phrase = require("../index.js");

describe("Phrase", function() {

  describe("#palindrome", function() {

    it("should return false for a non-palindrome", function() {
      let nonPalindrome = new Phrase("apple");
      assert(!nonPalindrome.palindrome());
    });

    it("should return true for a plain palindrome", function() {
      let plainPalindrome = new Phrase("racecar");
      assert(plainPalindrome.palindrome());
    });

    it("should return true for a mixed-case palindrome", function() {
      let mixedCase = new Phrase("RaceCar");
      assert(mixedCase.palindrome());
    });

    it("should return true for a palindrome with punctuation", function() {
      let punctuatedPalindrome = new Phrase("Madam, I'm Adam.");
      assert(punctuatedPalindrome.palindrome());
    });
  });
});
```

根据需要，测试套件现在是 RED（测试不通过），如代码清单 8-10 所示。

代码清单 8-10　为代码清单 8-9 中添加测试后的测试套件（RED，测试不通过）

```
$ npm test

  Phrase
    #palindrome
      ✓ should return false for a non-palindrome
      ✓ should return true for a plain palindrome
      ✓ should return true for a mixed-case palindrome
      1) should return true for a palindrome with punctuation


  3 passing (8ms)
  1 failing

  1) Phrase
       #palindrome
         should return true for a palindrome with punctuation:

      AssertionError [ERR_ASSERTION]: false == true
      + expected - actual

      -false
      +true
```

基于这一点，我们可以开始思考如何编写应用程序代码并获得 GREEN（测试通过）。我们的策略是为 Phrase 对象编写一个 letters 方法，该方法只返回字符串中的字母。换句话说，代码

```
new Phrase("Madam, I'm Adam.").letters();
```

应该为

```
MadamImAdam
```

请注意，我们实际上可以在 new Phrase 上调用 letters()。JavaScript 会在调用 letters()方法之前创建新的对象实例。进入此状态将允许我们使用当前的回文检测器来确定原始短语是否为回文。

制定了这个规范之后，我们现在可以编写一个简单的字母测试了。我们可以遵循前面测试的模式，直接判定（严格）相等（如代码清单 8-11 所示）。

代码清单 8-11　直接断言严格相等

```
let punctuatedPalindrome = new Phrase("Madam, I'm Adam.");
assert(punctuatedPalindrome.letters() === "MadamImAdam");
```

然而，事实证明，assert 模块原生代码支持这种比较（如官方文档 https://www.npmjs.com/package/assert 中所示），因此形成了如代码清单 8-12 所示的断言。

代码清单 8-12　使用原生断言

```
assert.strictEqual(<actual>, <expected>);
```

稍后我们将看到，在可能的情况下最好使用本机断言，因为这样做会为失败的测试提供更有用的消息。对于这种失败的测试消息，按照上面显示的"actual, expected"的顺序中包含参数也是很重要的。

在本例中，"actual"结果是 punctuated Palindrome.letters()，而"expected"值是"MadamImAdam"，因此我们可以填写如下断言：

```
let punctuatedPalindrome = new Phrase("Madam, I'm Adam.");
assert.strictEqual(punctuatedPalindrome.letters(), "MadamImAdam");
```

为 letters 添加一个新的 describe 函数（并添加哈希符号 # 以表示我们正在测试 Phrase#letters），得到如代码清单 8-13 所示的代码。

代码清单 8-13　为 letters 方法添加一个测试（RED，测试不通过）

~/repos/palindrome/test/test.js

```
describe("Phrase", function() {
  .
  .
  .
  describe("#palindrome", function() {
    .
    .
    .
  });

  describe("#letters", function() {
    it("should return only letters", function() {
      let punctuatedPalindrome = new Phrase("Madam, I'm Adam.");
      assert.strictEqual(punctuatedPalindrome.letters(), "MadamImAdam");
    });
  });
});
```

因为 letters 方法根本不存在，所以当前的失败消息并没有那么有用，如代码清单 8-14 所示。

代码清单 8-14　letters 的初始化失败消息（RED，测试不通过）

```
$ npm test
  .
  .
  .
  2) Phrase
       #letters
         should return only letters:
     TypeError: punctuatedPalindrome.letters is not a function
```

通过为 letters 添加存根，我们可以获得更有用的 RED（测试不通过）状态：一种不起作用但至少存在的方法。为了简单起见，我们只返回短语的内容，如代码清单 8-15 所示。

代码清单 8-15 letters 方法的存根（RED，测试不通过）

~/repos/palindrome/index.js

```
module.exports = Phrase;
.
.
.
function Phrase(content) {
  .
  .
  .
  // 返回内容中的字母
  this.letters = function letters() {
    return this.content;     // 存根返回值
  }

  // 如果短语是回文，则返回 true，否则返回 false
  this.palindrome = function palindrome() {
    return this.processedContent() === this.processedContent().reverse();
  }
}
```

正如所承诺的，错误消息现在非常有用，如代码清单 8-16 所示。

代码清单 8-16 更有用的错误消息（RED，测试不通过）

```
$ npm test
Phrase
  #palindrome
    ✓ should return false for a non-palindrome
    ✓ should return true for a plain palindrome
    ✓ should return true for a mixed-case palindrome
    1) should return true for a palindrome with punctuation
  #letters
    2) should return only letters


3 passing (9ms)
2 failing

1) Phrase
     #palindrome
       should return true for a palindrome with punctuation:

     AssertionError [ERR_ASSERTION]: false == true
     + expected - actual

     -false
     +true

     at Context.<anonymous> (test/test.js:25:7)

2) Phrase
     #letters
       should return only letters:

     AssertionError [ERR_ASSERTION]: 'Madam, Im̓ Adam.' === 'MadamImAdam'
```

```
+ expected - actual

-Madam, I'm Adam.
+MadamImAdam
```

随着我们的两个 RED 测试捕获了所需的行为，我们现在可以继续处理应用程序代码，并尝试将其设置为 GREEN。

练习

1. 使用代码清单 8-11 所示的直接 === 断言时，错误消息是什么？为什么这不如代码清单 8-16 中的消息有用？

2. 如果颠倒代码清单 8-16 中的实际值和期望值（代码清单 8-12），会发生什么？为什么产生的错误消息令人困惑？

8.4 GREEN（测试通过）

现在我们可以通过 RED 测试来捕捉回文检测器的增强行为，是时候让它们变成 GREEN 了。TDD 的部分理念是先让它们通过，而不必一开始过于担心实现的质量。一旦测试套件为 GREEN，我们就可以在不引入回归的情况下对其进行改进（见方框 8-2）。

主要的挑战是实现 letters，它返回组成 Phrase 的 content 的一系列字母（但不返回任何其他字符）。换句话说，我们需要选择与特定模式匹配的字符。这听起来像是正则表达式的工作（4.3 节）。

在这种情况下，使用带有正则表达式引用（如图 4-5 所示）的在线正则表达式匹配器是一个很好的主意。事实上，有时它们会使事情变得有点过于简单，例如当引用具有所需的正则表达式时（如图 8-1 所示）。

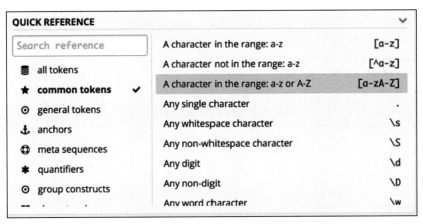

图 8-1 我们需要的正则表达式

让我们在控制台中测试它，以确保它满足我们的标准。

```
$ node
> !!"M".match(/[a-zA-Z]/);
true
> !!"d".match(/[a-zA-Z]/);
true
> !!",".match(/[a-zA-Z]/);
false
```

看起来不错!

我们现在可以建立一个匹配大小写字母的字符数组。要做到这一点，最直接的方法是使用 for 循环和我们在 2.6 节中首次看到的 charAt 方法。我们将从字母的数组开始，然后遍历内容字符串，如果每个字符与字母 regex 匹配，则将其 push 到数组中（3.4.2 节）。

```
let theLetters = [];
for (let i = 0; i < this.content.length; i++) {
  if (this.content.charAt(i).match(/[a-zA-Z]/)) {
    theLetters.push(this.content.charAt(i));
  }
}
```

此时，letters 是一个字母数组，可以通过空字符串将其连接起来，形成原始字符串中的字母字符串。

```
return theLetters.join("");
```

将所有内容放在一起，就得到了代码清单 8-17 中的 Phrase#letter 方法（这里添加了一个突出显示以指示新方法的开始）。

代码清单 8-17　一个 letter 方法（但全套测试流程仍然是 RED）

~/repos/palindrome/index.js

```
module.exports = Phrase;

// 为所有字符串添加 "reverse" 方法
String.prototype.reverse = function() {
  return Array.from(this).reverse().join("");
}

// 定义一个 Phrase 对象
function Phrase(content) {
  this.content = content;

  // 返回为回文测试处理的内容
  this.processedContent = function processedContent() {
    return this.content.toLowerCase();
  }

  // 返回内容中的字母
  // 例如:
  // new Phrase("Hello, world!").letters() === "Helloworld"
  this.letters = function letters() {
    let theLetters = [];
    for (let i = 0; i < this.content.length; i++) {
      if (this.content.charAt(i).match(/[a-zA-Z]/)) {
        theLetters.push(this.content.charAt(i));
```

```
        }
      }
      return theLetters.join("");
    }

    // 如果短语是回文，则返回 true，否则返回 false
    this.palindrome = function palindrome() {
      return this.processedContent() === this.processedContent().reverse();
    }
  }
```

尽管整个测试套件仍然是 RED，但我们的 letters 测试现在应该是 GREEN，如代码清单 8-18 中突出显示的行所示。

代码清单 8-18　一个 RED 测试套件，但是一个 GREEN letters 测试

```
$ npm test

  Phrase
    #palindrome
      ✓ should return false for a non-palindrome
      ✓ should return true for a plain palindrome
      ✓ should return true for a mixed-case palindrome
      1) should return true for a palindrome with punctuation
    #letters
      ✓ should return only letters


  4 passing (8ms)
  1 failing

  1) Phrase
       #palindrome
         should return true for a palindrome with punctuation:

      AssertionError [ERR_ASSERTION]: false == true
      + expected - actual

      -false
      +true
```

我们可以通过在 processedContent 方法中将 content 替换为 letters() 来通过最终的 RED 测试。结果如代码清单 8-19 所示。

代码清单 8-19　一个有效的回文方法（GREEN，测试通过）

~/repos/palindrome/index.js

```
module.exports = Phrase;

// 为所有字符串添加"reverse"方法
String.prototype.reverse = function() {
  return Array.from(this).reverse().join("");
}

// 定义一个 Phrase 对象
function Phrase(content) {
  this.content = content;
```

```
// 返回为回文测试处理的内容
this.processedContent = function processedContent() {

  return this.letters().toLowerCase();
}

// 返回内容中的字母
// 例如:
// new Phrase("Hello, world!").letters() === "Helloworld"
this.letters = function letters() {
  let theLetters = [];
  for (let i = 0; i < this.content.length; i++) {
    if (this.content.charAt(i).match(/[a-zA-Z]/)) {
      theLetters.push(this.content.charAt(i));
    }
  }
  return theLetters.join("");
}

// 如果短语是回文，则返回 true，否则返回 false
this.palindrome = function palindrome() {
  return this.processedContent() === this.processedContent().reverse();
}
}
```

代码清单 8-19 的测试套件结果为 GREEN，如代码清单 8-20 所示。

代码清单 8-20　代码清单 8-19 之后的测试套件（GREEN，测试通过）

```
$ npm test

Phrase
  #palindrome
    ✓ should return false for a non-palindrome
    ✓ should return true for a plain palindrome
    ✓ should return true for a mixed-case palindrome
    ✓ should return true for a palindrome with punctuation
  #letters
    ✓ should return only letters


  5 passing (6ms)
```

这可能不是世界上最漂亮的代码，但这个 GREEN 测试套件意味着我们的代码正在工作!

练习

通过 require 请求 Node REPL 中的 palindrome 模块，手动验证 Phrase#palindrome 代码是否可以成功检测出形式为 "Madam, I am Adam" 的回文。(你可能必须退出并重新启动 REPL 才能刷新所有相关的对象定义。) 提示:虽然使用与代码清单 8-3 第二行中相同的 require 命令，但使用 ./ 代替 ../。

8.5 重构

正如我们通过 GREEN 测试套件证明的那样，代码清单 8-19 中的代码可以正常工作，但它依赖于一个相当烦琐的 for 循环，并且也有一些重复代码。在本节中，我们将重构代码，这是一个在不改变代码功能的前提下改变代码形式的过程。

通过在任何重大更改后运行测试套件，我们将快速捕捉到全部回归，从而确保重构代码的最终形式仍然是正确的。在本节中，我建议逐步进行更改，并在每次更改后运行测试套件，以确认套件保持测试通过。

首先，我们观察到代码清单 8-19 中有一些重复：表达式

```
this.content.charAt(i)
```

出现了两次。建议通过使用 let 将其绑定到一个变量来消除重复：

```
this.letters = function letters() {
  let theLetters = [];
  for (let i = 0; i < this.content.length; i++) {

   let character = this.content.charAt(i);
   if (character.match(/[a-zA-Z]/)) {
     theLetters.push(character);

    }
  }
  return theLetters.join("");
}
```

作为另一点改进，我们可以通过在 /.../ 之后使用 i 来简化正则表达式，以进行不区分大小写的匹配，同时将其绑定到命名常量以使其用途更为明确：

```
const letterRegex = /[a-z]/i;
 for (let i = 0; i < this.content.length; i++) {
  let character = this.content.charAt(i);

  if (character.match(letterRegex)) {

    theLetters.push(character);
   }
 }
```

根据 5.4 节，在可能的情况下，最好使用 forEach 循环。我们可以使用代码清单 5-15 中的技术来实现这一点，如下所示：

```
const letterRegex = /[a-z]/i;

Array.from(this.content).forEach(function(character) {

  if (character.match(letterRegex)) {
    theLetters.push(character);
   }
});
```

注意，我们可以删除 character 变量的 let，因为现在它是作为 forEach 循环函数参数的

一部分免费提供的。

我们还有最后一次重构要做，但作为参考，应用程序代码的完整状态如代码清单8-21所示。

代码清单8-21　一个重构的letters方法（GREEN，测试通过）

~/repos/palindrome/index.js

```javascript
module.exports = Phrase;

// 为所有字符串添加 "reverse" 方法
String.prototype.reverse = function() {
  return Array.from(this).reverse().join("");
}

// 定义一个 Phrase 对象
function Phrase(content) {
  this.content = content;

  // 返回为回文测试处理的内容
  this.processedContent = function processedContent() {
    return this.letters().toLowerCase();
  }

  // 返回内容中的字母
  // 例如:
  // new Phrase("Hello, world!").letters() === "Helloworld"
  this.letters = function letters() {
    let theLetters = [];
    const letterRegex = /[a-z]/i;
    Array.from(this.content).forEach(function(character) {
      if (character.match(letterRegex)) {
        theLetters.push(character);
      }
    });
    return theLetters.join("");
  }

  // 如果短语是回文，则返回 true, 否则返回 false
  this.palindrome = function palindrome() {
    return this.processedContent() === this.processedContent().reverse();
  }
}
```

运行测试套件的结果是令人满意的，如代码清单8-22所示。

代码清单8-22　使用forEach重构后的测试套件（GREEN，测试通过）

```
$ npm test

  Phrase
    #palindrome
      ✓ should return false for a non-palindrome
      ✓ should return true for a plain palindrome
      ✓ should return true for a mixed-case palindrome
      ✓ should return true for a palindrome with punctuation
    #letters
```

```
    ✓ should return only letters


  5 passing (6ms)
```

它还是 GREEN ! 上面的变化涉及许多棘手且容易出错的操作，因此 GREEN 测试套件让我们确信没有引入任何回归。

为了进行最后一次重构，我们可以注意到，代码清单 8-21 中的代码形式与代码清单6-4 中的代码类似：我们先初始化一个空数组，然后在 forEach 循环中通过 push 方法对其进行填充。在代码清单 6-5 中，我们使用函数式编程通过 filter 方法将该循环转换为一行，在这里我们可以做完全相同的操作。

作为快速复习，让我们进入 REPL :

```
> Array.from("Madam, I'm Adam.");
[ 'M', 'a', 'd', 'a', 'm', ',', ' ', 'I', '\'', 'm', ' ',
 'A', 'd', 'a', 'm', '.' ]
> Array.from("Madam, I'm Adam").filter(c => c.match(/[a-z]/i));
[ 'M', 'a', 'd', 'a', 'm', 'I', 'm', 'A', 'd', 'a', 'm' ]
> Array.from("Madam, I'm Adam").filter(c => c.match(/[a-z]/i)).join("");
'MadamImAdam'
```

我们在这里看到了将方法链接（5.3 节）与函数式编程相结合是如何使过滤和连接字符串中的字母字符变得容易的。

将 filter 应用于代码清单 8-21 中的代码，我们可以将 letters 方法压缩为一行，如代码清单 8-23 所示。（可以说，通过保留代码清单 8-21 中的 lettersRegEx 常量来改进它，但我发现对单行函数进行压缩几乎是不可能的。）

代码清单 8-23　将 letters 重构为一行（GREEN，测试通过）

~/repos/palindrome/index.js

```
module.exports = Phrase;

// 为所有字符串添加 "reverse" 方法
String.prototype.reverse = function() {
  return Array.from(this).reverse().join("");
}

// 定义一个 Phrase 对象
function Phrase(content) {
  this.content = content;

  // 返回为回文测试处理的内容
  this.processedContent = function processedContent() {
    return this.letters().toLowerCase();
  }

  // 返回内容中的字母
  // 例如:
  // new Phrase("Hello, world!").letters() === "Helloworld"
  this.letters = function letters() {
    return Array.from(this.content).filter(c => c.match(/[a-z]/i)).join("");
  }
}
```

```
  // 如果短语是回文，则返回 true，否则返回 false
  this.palindrome = function palindrome() {
    return this.processedContent() === this.processedContent().reverse();
  }
}
```

如第 6 章所述，函数式编程更难进行增量构建，这也是为什么需要通过测试套件来检查其是否达到了预期效果（如代码清单 8-24 所示）[⊖]。

代码清单 8-24　功能重构后的测试套件（GREEN，测试通过）

```
$ npm test

Phrase
  #palindrome
    ✓ should return false for a non-palindrome
    ✓ should return true for a plain palindrome
    ✓ should return true for a mixed-case palindrome
    ✓ should return true for a palindrome with punctuation
  #letters
    ✓ should return only letters


5 passing (6ms)
```

太好了！我们的测试套件仍然通过，所以我们的单行 letters 方法有效。

这是一个很大的改进，但事实上还有一种重构方法，它展示了 JavaScript 的强大功能。回想一下 4.3 节，match 可以使用正则表达式从字符串中返回数组。通过结合 4.5 节中的全局标志 g，我们可以直接选择字母：

```
> "Madam, I'm Adam.".match(/[a-z]/gi);
[ 'M', 'a', 'd', 'a', 'm', 'I', 'm', 'A', 'd', 'a', 'm' ]
> "Madam, I'm Adam.".match(/[a-z]/gi).join("");
'MadamImAdam'
```

通过使用与本节中相同的正则表达式进行匹配，然后在空字符串上进行连接，我们几乎复制了 letters 方法的功能！只有一个微妙之处，那就是当没有字母时，结果为 null：

```
> "1234".match(/[a-z]/gi);
null
> "1234".match(/[a-z]/gi).join("");
TypeError: Cannot read property 'join' of null
```

我们可以使用 ||（"或"）运算符（2.4 节）来解决这个问题，该运算符使用一种称为"短路评估"的方法。

如果 || 语句列表中的第一个元素的求值结果为 true，则求值"短路"，JavaScript 会立即返回该元素。如果第一个元素为 false，JavaScript 会评估下一个元素，依此类推，直到找

⊖　IRL，我可能会首先编写我们在 8.3 节中看到的测试，然后立即尝试一个函数式解决方案来编写 Phrase#letters 方法。如果我在这方面失败了，我会回溯，以一种更简单（更循环）的方式进行，然后在获得测试套件通过后再次运行一个函数式解决方案。（我发现这种回溯对于我们在第 6.3 节中遇到的 reduce 方法尤其必要。）

到一个为 true 的元素，然后返回最后一个元素（如果所有元素都为 false，则返回最后的元素）。这意味着我们可以这样处理上面的情况：

```
> null || []
[]
```

在这里，JavaScript 遇到 null，将其计算为 false，然后转到 [ ]，这是 true，因此将其返回。我们可以将这种方法与 match 结合起来，如下所示：

```
> ("1234".match(/[a-z]/gi) || []);
[]
> ("1234".match(/[a-z]/gi) || []).join("");
''
```

应用这种技术，我们可以进一步简化应用程序代码，如代码清单 8-25 所示。

代码清单 8-25 用 match 替换 letters

~/repos/palindrome/index.js

```javascript
module.exports = Phrase;

// 为所有字符串添加"reverse"方法
String.prototype.reverse = function() {
  return Array.from(this).reverse().join("");
}

// 定义一个 Phrase 对象
function Phrase(content) {
  this.content = content;

  // 返回为回文测试处理的内容
  this.processedContent = function processedContent() {
    return this.letters().toLowerCase();
  }

  // 返回内容中的字母
  // 例如:
  // new Phrase("Hello, world!").letters() === "Helloworld"
  this.letters = function letters() {
    return (this.content.match(/[a-z]/gi) || []).join("");
  }

  // 如果短语是回文, 则返回 true, 否则返回 false
  this.palindrome = function palindrome() {
    return this.processedContent() === this.processedContent().reverse();
  }
}
```

请注意，我们没有针对 match 返回 null 的重要情况进行测试，添加此项作为练习（8.5.2 节）。再运行一次测试套件，就可以确认一切仍然顺利，如代码清单 8-26 所示。

代码清单 8-26 最终重构后的测试套件（GREEN，测试通过）

```
$ npm test

  Phrase
```

```
#palindrome
  ✓ should return false for a non-palindrome
  ✓ should return true for a plain palindrome
  ✓ should return true for a mixed-case palindrome
  ✓ should return true for a palindrome with punctuation
#letters
  ✓ should return only letters


5 passing (6ms)
```

8.5.1　发布NPM模块

在完成了palindrome模块的重构版本后，我们现在准备进行最后一步，即公开发布模块，以便将其包含在其他项目中（如第9章中的站点）。幸运的是，NPM使这件事情变得非常容易。

首先，我们应该提交Git命令并推送至远程存储库：

```
$ git add -A
$ git commit -m "Finish working and refactored palindrome method"
$ git push
```

要发布NPM模块，你需要将自己添加为用户（除非你已经是项目成员），可以很容易地通过npm adduser进行操作（在这里你应该使用自己的姓名、用户名和电子邮件地址）。

```
$ npm adduser Michael Hartl
Username: mhartl
Password:
Email: (this IS public) michael@michaelhartl.com
Logged in as mhartl on https://registry.npmjs.org/
```

NPM要求你在发布之前验证电子邮件地址（这可能是为了使滥用它们的系统变得更加困难），因此你应该在继续之前检查电子邮件并单击验证链接（如图8-2所示）。

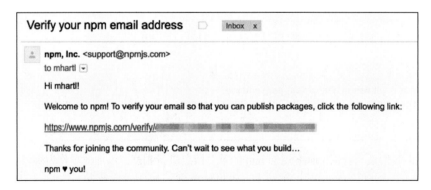

图8-2　验证NPM的电子邮件

有了这些准备工作，我们就可以开始了！只需使用npm publish将模块发布到公共NPM列表：

```
$ npm publish
```

对于未来的任何修订，你可以根据 semver 的规则（8.1 节）简单地增加 package.json 中的版本号。

8.5.2 练习

1. 删除代码清单 8-25 中的 ||[] 部分，并确认测试仍然通过。这里存在问题，因为实际上应用程序代码现在已经被损坏了。添加代码清单 8-27 中所示的测试来捕捉错误并确认它是 RED（测试不通过），然后恢复 ||[] 来使测试套件返回 GREEN（测试通过）。

代码清单 8-27　测试一个空字符串（RED，测试不通过）

~/repos/palindrome/test/test.js

```
describe("Phrase", function() {
  .
  .
  .
  describe("#palindrome", function() {
    .
    .
    .
  });

  describe("#letters", function() {
    it("should return only letters", function() {
      let punctuatedPalindrome = new Phrase("Madam, I'm Adam.");
      assert.strictEqual(punctuatedPalindrome.letters(), "MadamImAdam");
    });

    it("should return the empty string on no match", function() {
      let noLetters = new Phrase("1234.56");
      assert.strictEqual(noLetters.letters(), "");
    });
  });
});
```

2. 重新引入代码清单 8-21 中的 lettersRegEx 变量（现在添加了代码清单 8-25 中的 g 标志），并通过填写代码清单 8-28 中所示的代码将其应用于 letters 方法的函数版本。测试套件还通过吗？

代码清单 8-28　重新引入 lettersRegEx 变量（GREEN，测试通过）

~/repos/palindrome/index.js

```
this.letters = function letters() {
  const lettersRegEx = /[a-z]/gi;
  return // 填充
}
```

事件和 DOM 操作

在本章中，我们回到 JavaScript 的原生环境，并将新创建的 Node 模块放在浏览器中工作。具体来说，我们将制作一个简单的单页 JavaScript 应用程序，该应用程序从用户那里接收一个字符串，并判断该字符串是否为回文。

我们将逐渐提高复杂程度，最初会从一个简单的"Hello，World！"风格的概念验证开始（9.1 节）。然后，我们将添加一个提示 / 警告设计，以引入事件监听器（9.2 节）。在 9.3 节中，我们将用插入页面本身的动态 HTML 替换警告，这是操作文档对象模型（DOM）树的第一个示例。最后，在 9.4 节中，我们将添加一个 HTML 表单，这是一种比 JavaScript 提示框更为方便的数据输入的方法。

9.1　有效的回文页面

开始使用回文检测器之前，我们将创建一个 HTML 文件 palindrome.html 和网站的主 JavaScript 文件 main.js。

```
$ cd ~/repos/js_tutorial
$ touch palindrome.html main.js
```

和第 1 章一样，我们将开发一个最小化的"Hello，World！"应用程序来验证整体环境都保持在一个正常运行的状态。为了做到这一点，我们需要安装在 8.1 节中创建的 < username > -palindrome 模块。

```
$ npm install <username>-palindrome    # Replace <username> with your username.
```

如果出于某种原因你没有完成 8.1 节，可以使用代码 mhartl-palindrome。

要使用模块导出的 Phrase 对象（代码清单 8-2），我们所需要做的就是编辑 main.js 并使用 let 将 Phrase 名称绑定到 require 函数的输出结果，如代码清单 9-1 所示。

代码清单 9-1 添加概念验证

main.js

```
let Phrase = require("<username>-palindrome");

alert(new Phrase("Madam, I'm Adam.").palindrome());
```

代码清单 9-1 还包括一个 alert，如果它生效，就表示我们请求成功了。

回想一下 5.2 节，我们可以使用 script 标记的 src 属性来包含外部 JavaScript 文件（代码清单 5-5）：

```
<script src="filename.js"></script>
```

你可能会认为可以直接包含 main.js，如下所示：

```
<script src="main.js"></script>
```

不幸的是，由于浏览器不支持 require，这种方法不起作用。相反，我们需要使用一个名为 browserify 的 NPM 模块（在谷歌上搜索"需要节点模块来进入浏览器"）：

```
$ npm install --global browserify
```

browserify 实用程序获取离线代码，并以浏览器可以解析的方式将其捆绑在一起，如代码清单 9-2 所示。

代码清单 9-2 使用 browserify 为浏览器准备一个 JavaScript 捆绑包

```
$ browserify main.js -o bundle.js
```

使用 -o（输出文件）标志，代码清单 9-2 创建一个名为 bundle.js 的文件，该文件可以被包含在浏览器中⊖。（browserify 是如何做到这一点的？我不知道。能够使用内部工作原理神秘的模块，是技术熟练度的重要组成部分。）

注意：在 main.js 中进行了更改，但忘记重新运行 browserify 是一个常见的错误来源，所以，如果你发现预期的更改没有显示在页面上，请务必尝试重新运行代码清单 9-2。我还建议查看 watchify 包（https://www.npmjs.com/package/watchify），它旨在自动重新构建捆绑版本。

至此，JavaScript 已经被正确地打包，可以放到网页中使用了，因此我们可以像 5.2 节那样使用 src 属性来包含它，得到的 palindrome.html 文件也包含了最基本的 HTML 框架，如代码清单 9-3 所示。

代码清单 9-3 创建回文页面，包括 JavaScript 源代码

palindrome.html

```
<!DOCTYPE html>
<html>
```

⊖ browserify 程序默认将结果转储到屏幕（STDOUT），因此通过 browserify—main.js>bundle.js 重定向也可以（https://www.learnenough.com/command-line-tutorial/manipulating_files#sec-redirecting_and_appending）。

```html
<head>
  <title>Palindrome Tester</title>
  <meta charset="utf-8">
  <script src="bundle.js"></script>
</head>
<body>
  <h1>Palindrome Tester</h1>
</body>
</html>
```

结果应该会得到一个工作警告，如图 9-1 所示。如果在你的系统上无法正常工作，请按照方框 5-1 中的建议解决问题。

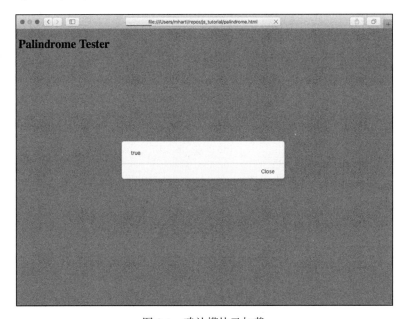

图 9-1　确认模块已加载

令人惊讶的是，我们现在已经可以获得一个初级水平的回文检测器了。我们只需使用 prompt 函数来提示用户输入内容，并返回结果。

```javascript
let Phrase = require("<username>-palindrome");
let string = prompt("Please enter a string for palindrome testing:");
```

用户的输入会自动返回，允许我们创建一个新的 Phrase 实例，并测试它是否是回文。

```javascript
let phrase = new Phrase(string);

if (phrase.palindrome()) {
  alert(`"${phrase.content}" is a palindrome!`);
} else {
  alert(`"${phrase.content}" is not a palindrome.`)
}
```

将所有内容放在一起会得到如代码清单 9-4 所示的结果。

代码清单 9-4　第一个有效的回文检测器

main.js

```
let Phrase = require("<username>-palindrome");

let string = prompt("Please enter a string for palindrome testing:");
let phrase = new Phrase(string);

if (phrase.palindrome()) {
  alert(`"${phrase.content}" is a palindrome!`);
} else {
  alert(`"${phrase.content}" is not a palindrome.`)
}
```

我们现在所需要做的就是重新运行 browserify 并重新加载浏览器：

```
$ browserify main.js -o bundle.js
```

刷新 palindrome.html，立即提示我们输入一个字符串，如图 9-2 所示。

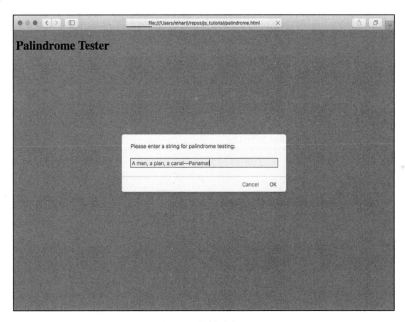

图 9-2　字符串提示

用户体验可能不是那么好，但如图 9-3 所示，它确实有效！

练习

　　按照 1.2.1 节中的步骤，将回文检测器部署到生产环境中。可能需要添加一个文件来告诉 GitHub Pages 将站点视为普通 HTML，而不是使用 Jekyll 静态站点生成器（这在处理 Node 模块时有时会导致错误），如代码清单 9-5 所示。（一些读者说，目前没有这个步骤也可以运行。）代码在实时网站上有效吗？

图 9-3　警告框弹出，显示确为有效的回文

代码清单 9-5　告知 GitHub Pages 不要使用 Jekyll 静态网站生成器

```
$ touch .nojekyll
$ git add -A
$ git commit -m "Prevent Jekyll build"
```

9.2　事件监听器

　　9.1 节使用了一个实时回文检测器，但用户体验并不是很好：访问页面的用户会立即收到提示，甚至没有机会看到页面的内容。

　　在本节中，我们将添加一个按钮，让用户可以自主选择是否启动操作，从而使回文页面的交互更加友好。多次检测回文的操作也会更加友好，因为用户可以在不刷新页面的情况下再次单击按钮。

　　第一步是添加按钮，如代码清单 9-6 所示，它展示了如何使用 HTML 的 button 标签。

代码清单 9-6　添加一个按钮

palindrome.html

```
<!DOCTYPE html>
<html>
  <head>
    <title>Palindrome Tester</title>
    <meta charset="utf-8">
    <script src="bundle.js"></script>
  </head>
  <body>
```

```
  <h1>Palindrome Tester</h1>
  <button id="palindromeTester">Is it a palindrome?</button>
 </body>
</html>
```

请注意，代码清单 9-6 中的按钮使用了 CSS 中的 id 选择器。这与 *Learn Enough CSS & Layout to Be Dangerous* 中提出的建议一致，该书建议不使用 id 来设计样式（更喜欢类选择器），而是将它们保留在 JavaScript 应用程序中使用（现在已经到了这个时候了！）。

刷新页面后，我们就能看到按钮了（见图 9-4）。

图 9-4 一个通配符按钮

读者可以通过单击按钮来确认，该按钮当前什么都不做，但是我们可以使用 JavaScript 事件监听器来改变这一点，该监听器是一段代码，它等待特定事件发生，然后做出适当的响应。在本例中，响应为回文测试本身，因此我们将把代码清单 9-4 中的相应代码拆分为一个单独的函数，如代码清单 9-7 所示。

代码清单 9-7　将回文测试仪拆分为一个函数

main.js

```
function palindromeTester() {
  let string = prompt("Please enter a string for palindrome testing:");
  let phrase = new Phrase(string);

  if (phrase.palindrome()) {
    alert(`"${phrase.content}" is a palindrome!`);
  } else {
    alert(`"${phrase.content}" is not a palindrome.`)
  }
}
```

接下来创建一个特殊对象来表示按钮。我们通过使用强大的 querySelector 函数来实现这一点，该函数使我们使用它的 id 在页面的 DOM 中查找该元素⊖：

⊖ 我原本打算在本书中介绍流行的 jQuery 库，但使用它确实会带来一些开销和第三方依赖，所以我很开心地发现 querySelector 和与其密切相关的 querySelectorAll（11.2 节）可以使普通 JavaScript 在我们的应用操作上变得异常强大。

```
let button = document.querySelector("#palindromeTester");
```

请注意，JavaScript 知道要查找 CSS 中的 id 选择器（而不是 CSS 类选择器），因为 #palindromeTester 是以哈希符号 # 开头的。回想一下 *Learn Enough CSS & Layout to Be Dangerous*，这与在 CSS 本身中与使用 CSS id 选择器的作用相同。

（querySelector 方法是一种罕见的情况，通过谷歌搜索会让你误入歧途情况。截至本文撰写之时，按 id 搜索 javascript 元素主要是通过 getElementById 来实现的，它确实有效，但不如较为新颖的 querySelector 方法更为强大和灵活。）

创建了一个表示按钮的对象后，就可以添加事件监听器，并使用 addEventListener 将其设置为监听"单击"。

```
let button = document.querySelector("#palindromeTester");
button.addEventListener("click", function() {
  palindromeTester();
});
```

这里的第一个参数是事件的类型，而第二个参数是将在单击发生时执行的函数。（当发生其他事情时执行的函数称为回调。）在这种情况下，我们实际上可以编写：

```
let button = document.querySelector("#palindromeTester");
button.addEventListener("click", palindromeTester);
```

但我们使用了一个匿名函数来着重强调可能有多行的一般情况。

将所有内容放在一起，生成的 main.js 如代码清单 9-8 所示。

代码清单 9-8　初始事件监听器代码

main.js

```
let Phrase = require("<username>-palindrome");

function palindromeTester() {
  let string = prompt("Please enter a string for palindrome testing:");
  let phrase = new Phrase(string);

  if (phrase.palindrome()) {
    alert(`"${phrase.content}" is a palindrome!`);
  } else {
    alert(`"${phrase.content}" is not a palindrome.`)
  }
}

let button = document.querySelector("#palindromeTester");
button.addEventListener("click", function() {
  palindromeTester();
});
```

运行代码清单 9-2，刷新页面，然后单击按钮显示……仍然没有发生任何事情。通过查看控制台，我们可以了解其中的原因（见图 9-5）。不知道为什么，button 对象没有被定义。

这个谜题的解决方案还解决了我们在构建代码清单 9-8 时隐藏的一个问题：什么是 document？答案是 document 代表了文档本身。我们面临的问题是，在（通过 bundle.js）加载 main.js 时，文档内容还没有完成加载。因此，虽然文档对象存在，但还没有一个 id 为 palindromeTester 的元素，所以代码清单 9-8 中的 querySelector 会显示一个大的 null。当我们尝试在这个 null 上调用 addEventListener 时，它会触发如图 9-5 所示的错误。

图 9-5　意外的 null 对象

这是用 JavaScript 编程时常见的问题，解决方案是使用第二个监听器，即等待加载文档对象模型内容的监听器。

文档对象模型（Document Object Model，DOM）是用于描述网页内容的分层模型（见图 9-6）。在呈现页面时，浏览器使用页面内容构建 DOM，并在加载 DOM 内容时触发事件通知。为了让按钮监听器工作，这个被称为"DOMContentLoaded"的事件需要一个自己的监听器。

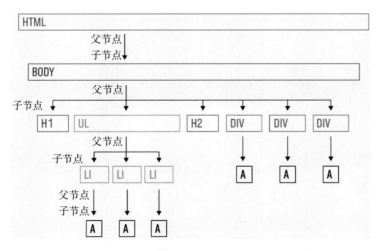

图 9-6　DOM

```
document.addEventListener("DOMContentLoaded", function() {
    let button = document.querySelector("#palindromeTester");
```

```
  button.addEventListener("click", function() {
    palindromeTester();
  });
});
```

将这个扩展代码放入 main.js 中（见代码清单 9-9），看看会发生什么。

代码清单 9-9　用于加载 DOM 的事件监听器

main.js

```
let Phrase = require("<username>-palindrome");

function palindromeTester() {
  let string = prompt("Please enter a string for palindrome testing:");
  let phrase = new Phrase(string);

  if (phrase.palindrome()) {
    alert(`"${phrase.content}" is a palindrome!`);
  } else {
    alert(`"${phrase.content}" is not a palindrome.`)
  }
}
document.addEventListener("DOMContentLoaded", function() {
  let button = document.querySelector("#palindromeTester");
  button.addEventListener("click", function() {
    palindromeTester();
  });
});
```

重新运行代码清单 9-2，刷新浏览器，然后单击按钮，即可显示它正在工作。结果如图 9-7 所示。

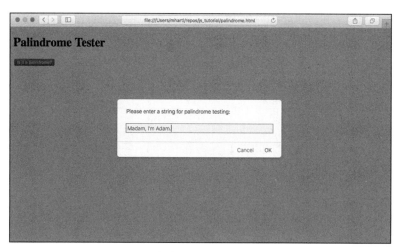

图 9-7　加载 DOM 之后单击按钮

与 9.1 节中的初始版本一样，当前页面在 alert 中显示结果，如图 9-8 所示。

图 9-8　仍然是一个警告

这是一个良好的开端。在 9.3 节中，我们将学习如何在 HTML 中显示结果。

练习

处理按钮最常见的方法是将其放在 HTML 表单中（在 9.4 节中进一步讨论）。使用代码清单 9-10 和代码清单 9-11 中的代码进行确认，可以在 submit 事件上结合表单、按钮和监听器，以实现与普通按钮相同的行为。（别忘了重新运行 browserfy 来更新 bundle.js。）

代码清单 9-10　添加一个简单的 HTML 表单

palindrome.html

```
<!DOCTYPE html>
<html>
  <head>
    <title>Palindrome Tester</title>
    <meta charset="utf-8">
    <script src="bundle.js"></script>
  </head>
  <body>
    <h1>Palindrome Tester</h1>
    <form id="palindromeTester">
      <button type="submit">Is it a palindrome?</button>
    </form>
  </body>
</html>
```

代码清单 9-11　监听 submit 事件

main.js

```
let Phrase = require("<username>-palindrome");

function palindromeTester() {
  let string = prompt("Please enter a string for palindrome testing:");
```

```
  let phrase = new Phrase(string);

  if (phrase.palindrome()) {
    alert(`"${phrase.content}" is a palindrome!`);
  } else {
    alert(`"${phrase.content}" is not a palindrome.`)
  }
}

document.addEventListener("DOMContentLoaded", function() {
  let form = document.querySelector("#palindromeTester");
  form.addEventListener("submit", function() {
    palindromeTester();
  });
});
```

9.3 动态 HTML

我们在 9.2 节中使用了一个可运行的回文检测器，但在 alert 中显示的结果有点麻烦。在本节中，我们将通过直接更新页面 HTML 来改进设计。（通过提示接受输入也很麻烦，我们将在 9.4 节中解决这个问题。）

首先进行准备工作，添加另一个标题和一个带有 CSS id 选择器的段落（见代码清单 9-12）。

代码清单 9-12　为回文结果添加 HTML

palindrome.html

```
<!DOCTYPE html>
<html>
  <head>
    <title>Palindrome Tester</title>
    <meta charset="utf-8">
    <script src="bundle.js"></script>
  </head>
  <body>
    <h1>Palindrome Tester</h1>

    <button id="palindromeTester">Test palindrome</button>
    <h2>Result</h2>

    <p id="palindromeResult"></p>
  </body>
</html>
```

请注意，代码清单 9-12 中的段落是空的，这是因为要用 JavaScript 动态地填充它的内容。

令人惊讶的是，只需要一行的警告框并对另外两行进行小的改动，就可以更新代码，从而使用动态 HTML。首先需要使用与代码清单 9-9 中相同的 querySelector 方法来获取 id 为 palindromeResult 的 HTML 元素。

```
function palindromeTester() {
  let string = prompt("Please enter a string for palindrome testing:");
```

```
  let phrase = new Phrase(string);

  let palindromeResult = document.querySelector("#palindromeResult");
  if (phrase.palindrome()) {
    alert(`"${phrase.content}" is a palindrome!`);
  } else {
    alert(`"${phrase.content}" is not a palindrome.`)
  }
}
```

然后，将通知字符串分配给 palindromeResult 对象的 innerHTML 属性，而不使用 alert。

```
function palindromeTester() {
  let string = prompt("Please enter a string for palindrome testing:");
  let phrase = new Phrase(string);
  let palindromeResult = document.querySelector("#palindromeResult");

  if (phrase.palindrome()) {

    palindromeResult.innerHTML = `"${phrase.content}" is a palindrome!`;

  } else {

    palindromeResult.innerHTML = `"${phrase.content}" is not a palindrome.`;

  }
}
```

完整的 main.js 如代码清单 9-13 所示。

代码清单 9-13 　将通知添加到结果区域

main.js

```
let Phrase = require("<username>-palindrome");

function palindromeTester() {
  let string = prompt("Please enter a string for palindrome testing:");
  let phrase = new Phrase(string);
  let palindromeResult = document.querySelector("#palindromeResult");

  if (phrase.palindrome()) {
    palindromeResult.innerHTML = `"${phrase.content}" is a palindrome!`;
  } else {
    palindromeResult.innerHTML = `"${phrase.content}" is not a palindrome.`;
  }
}

document.addEventListener("DOMContentLoaded", function() {
  let button = document.querySelector("#palindromeTester");
  button.addEventListener("click", function() {
    palindromeTester();
  });
});
```

重新运行代码清单 9-2 并刷新浏览器后，显示结果的区域现在可以显示以前在警告中看到的通知了（见图 9-9）。

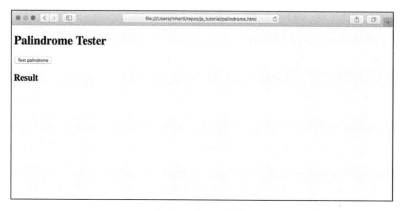

图 9-9　结果区域

让我们看看我们的检测器是否能够正确识别最古老的回文之一，即首次在庞贝遗址中发现的所谓的萨托尔广场（如图 9-10 所示）[⊖]。（权威人士对广场上拉丁语单词的确切含义意见不一，但最有可能的翻译是"播种者 [农民] 阿雷波努力地握住轮子"。）

图 9-10　失落的庞贝城的拉丁回文

单击按钮并输入" SATOR AREPO TENET OPERA ROTAS"（见图 9-11 ），结果将直接显示在 HTML 中，如图 9-12 所示。

练习

为了使图 9-12 中的结果更容易阅读，请使用 strong 标记将回文加粗，如："' SATOR AREPO TENET OPERA ROTAS '是回文！"

⊖　图片由 CPA Media Pte Ltd/Alamy Stock Photo 提供。

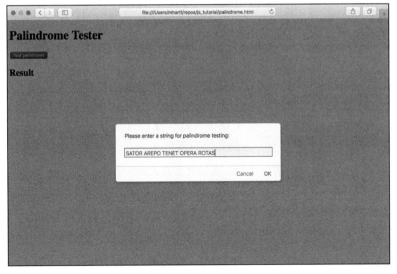

图 9-11 一个拉丁文回文

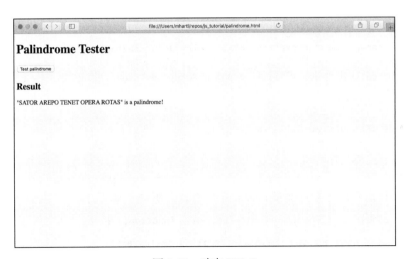

图 9-12 动态 HTML

9.4 表单处理

最后，在本节中，我们将用一个更自然的 HTML 表单取代前几节中使用的提示。虽然表单处理通常需要在服务器上有一个后端 Web 应用程序，如 Sinatra（https://www.learnenough.com/ruby）或 Rails（https://www.railstutorial.org/）提供的应用程序，但我们可以通过添加一个事件监听器来拦截由此产生的"submit"事件，从而用 JavaScript 伪造它。

第一步是将 button 标签（代码清单 9-12）包装成以下形式：

```
<form id="palindromeTester">
  <textarea name="phrase" rows="10" cols="30"></textarea>
  <br>
  <button type="submit">Is it a palindrome?</button>
</form>
```

在这里，我们已经将 CSS id 转移到 form 标签本身，并引入了 HTML 的 textarea 标签（行高 10，列宽 30），同时还将 button 标识为"submit"事件类型。还要注意，文本区域有一个 name 属性（值为"phrase"），这一点很快就会变得重要。

将表单放在我们的回文页面上，得到如代码清单 9-14 所示的代码。结果如图 9-13 所示。

代码清单 9-14　为回文页面添加一个表单

palindrome.html

```
<!DOCTYPE html>
<html>
  <head>
    <title>Palindrome Tester</title>
    <meta charset="utf-8">
    <script src="bundle.js"></script>
  </head>
  <body>
    <h1>Palindrome Tester</h1>
    <form id="palindromeTester">
      <textarea name="phrase" rows="10" cols="30"></textarea>
      <br>
      <button type="submit">Is it a palindrome?</button>
    </form>
    <h2>Result</h2>

    <p id="palindromeResult"></p>

  </body>
</html>
```

由于我们已经更改了事件类型，因此需要更新监听器，从"click"更改为"submit"。

```
document.addEventListener("DOMContentLoaded", function() {

  let tester = document.querySelector("#palindromeTester");
  tester.addEventListener("submit", function(event) {
    palindromeTester(event);
  });
});
```

请注意，我们在调用 palindromeTester 时还将 event 参数添加到函数的参数中，稍后将对此进行详细介绍。

然后，在 palindromeTester 方法中，我们还必须进行两个小的更改。第一个涉及阻止表单的默认行为，即将信息提交到服务器。由于我们的"服务器"只是一个静态网页，我们无法处理这样的提交，因此我们需要防止这种默认行为的发生，如下所示：

```
function palindromeTester(event) {
  event.preventDefault();
```

```
  .
  .
  .
}
```

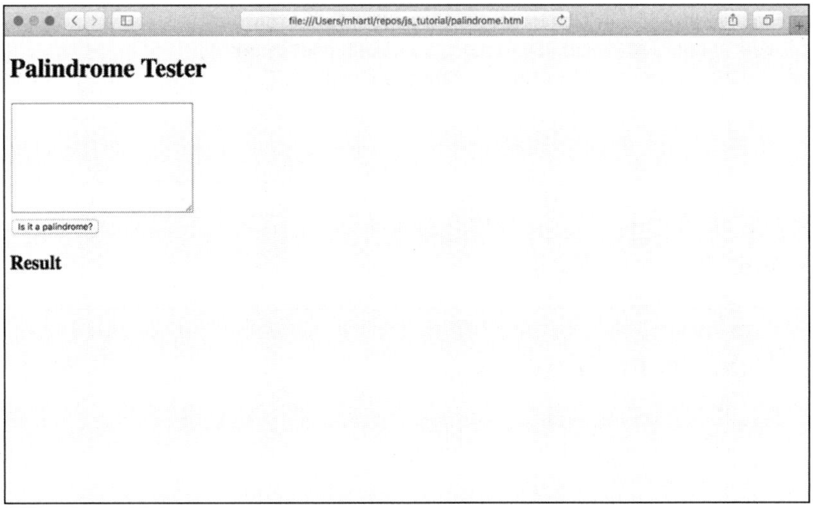

图 9-13 我们的回文页面采用了一种奇特的新形式

这里的 event 是 JavaScript 为这种情况提供的一个特殊对象。

第二个更改是，我们将直接从提交的表单中获取短语字符串，而不是从提示符中获取。这就是代码清单 9-14 中 textarea 的 name 属性的作用：我们可以通过 event 的目标访问短语。在这种情况下，event 目标只是一个表单对象，因此 event.target 就是表单本身。此外，由于表单的文本区域中的 name="phrase" 键值对，event.target 还有一个属性，其值为提交的字符串。换句话说，如果我们输入短语"Madam, I'm Adam"，我们可以提取如下值：

```
event.target.phrase.value    // 将是 "Madam, I'm Adam."
```

将此方法应用于 palindromeTester 函数，并与新的监听器相结合，得到如代码清单 9-15 所示的结果。顺便提一下，在某些系统中，在 function(event) 中包含 event 是不必要的，但为了最大限度地实现跨浏览器兼容性，应该包含事件。

代码清单 9-15 用 JavaScript 处理提交的表单

main.js

```
let Phrase = require("<username>-palindrome");
function palindromeTester(event) {
  event.preventDefault();

  let phrase = new Phrase(event.target.phrase.value);
  let palindromeResult = document.querySelector("#palindromeResult");

  if (phrase.palindrome()) {
    palindromeResult.innerHTML = `"${phrase.content}" is a palindrome!`;
```

```
  } else {
    palindromeResult.innerHTML = `"${phrase.content}" is not a palindrome.`;
  }
}

document.addEventListener("DOMContentLoaded", function() {
  let tester = document.querySelector("#palindromeTester");
  tester.addEventListener("submit", function(event) {
    palindromeTester(event);
  });
});
```

重新运行代码清单 9-2，刷新，并用我最喜欢的长回文之一填充文本区域（如图 9-14 所示）⊖，得到如图 9-15 所示的结果。

图 9-14 在表单的文本区域中输入一个长字符串

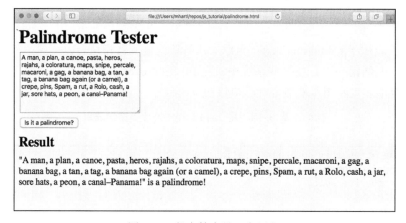

图 9-15 长字符串是一个回文

⊖ 图 9-14 中令人惊讶的长回文是由计算机先驱 Guy Steele 在 1983 年借助自定义程序创建的。

有了它——"A man, a plan, a canoe, pasta, heros, rajahs, a coloratura, maps, snipe, percale, macaroni, a gag, a banana bag, a tan, a tag, a banana bag again (or a camel), a crepe, pins, Spam, a rut, a Rolo, cash, a jar, sore hats, a peon, a canal—Panama!"——我们已经完成了网络版本的JavaScript回文检测器。

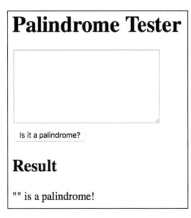

图9-16　糟糕的是，我们的应用程序认为空字符串是一个回文

练习

1. 通过提交一个空表单来确认一个空字符串当前被当作回文（如图9-16所示）。这在空洞的意义上是正确的，但这可能不是我们想要的行为。

2. 要解决这个问题，请按照方框8-2中概述的过程，编写一个RED测试，断言空字符串不是回文（如代码清单9-16所示），然后确认代码清单9-17中的应用程序代码得到了测试GREEN。

代码清单9-16　用于判断空字符串不是回文的模板（RED，测试不通过）

~/repos/palindrome/test/test.js

```
let assert = require("assert");
let Phrase = require("../index.js");

describe("Phrase", function() {

  describe("#palindrome", function() {
    .
    .
    .
    it("should return false for an empty string", function() {
      let emptyPhrase = new Phrase("");
      assert(FILL_IN);
    });
  }
}
```

代码清单9-17　代码清单9-16的应用程序代码（GREEN，测试通过）

~/repos/palindrome/index.js

```
module.exports = Phrase;

// 为所有字符串添加"reverse"方法
String.prototype.reverse = function() {
  return Array.from(this).reverse().join("");
}

function Phrase(content) {
  this.content = content;
```

```
        .
        .
        .
    // 如果短语是回文，则返回 true；否则返回 false
    this.palindrome = function palindrome() {
      if (this.processedContent()) {
        return this.processedContent() === this.processedContent().reverse();
      } else {
        return false;
      }
    }
  }
```

3. 使用方框 8-1 中的指导原则来更改版本号，如 8.5.1 节所述发布新模块，然后使用 npm update 命令对其进行更新（如代码清单 9-18 所示）。你的应用程序现在是否可以正确地将 "" 标识为不是回文（如图 9-17 所示）？提示：不要忘记重新运行代码清单 9-2。

代码清单 9-18　更新 NPM 模块

```
$ npm update <username>-palindrome
```

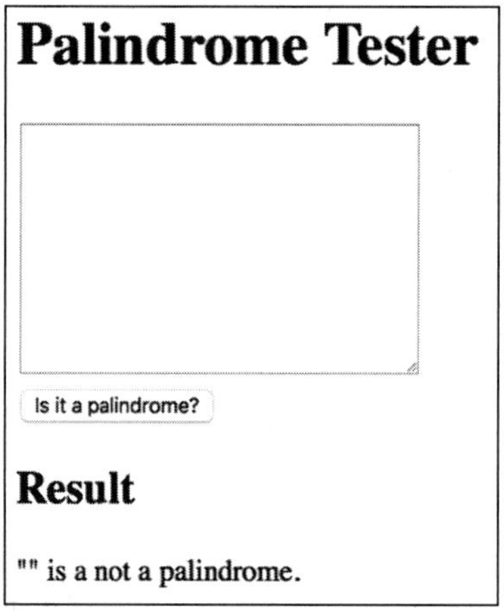

图 9-17　确认空字符串不是回文

第 10 章 *Chapter 10*

Node.js 中的 shell 脚本

本章使用 Node.js 编写三个越来越复杂的 shell 脚本。目前，JavaScript 在浏览器中的使用不如 JavaScript 常见，但随着 JavaScript（尤其是通过 Node 和 NPM）不断扩展，它有望超越其最初的网络编程市场。这些程序也为使用传统被认为是"脚本语言"的编程语言（如 Perl、Python 和 Ruby）来编写类似程序奠定了有用的基础。

也许令人惊讶的是，我们会发现第 9 章中开发的 DOM 操作技能在 shell 脚本中仍然很有用。

第一个程序（10.1 节中的）展示了如何使用 JavaScript 从文件系统中读取和处理文件的内容。10.2 节中的程序展示了如何完成读取 URL 中的内容。（这对我个人意义重大，因为我清楚地记得我第一次写自动程序来读取和处理网络文本的时候，当时这真的很神奇。）在 10.3 节中，我们将根据我曾经为自己写的一个程序编写一个现实生活中的实用程序，它包括在 Web 浏览器之外的上下文中对 DOM 操作进行介绍（上文提到）。

10.1 读取文件

我们的第一个任务是读取和处理文件的内容。这个例子设计简单，但它展示了必要的准则，提供了阅读更高级文档所需的背景知识。

我们首先使用 curl 下载一个包含简单短语的文件（注意，这在第 8 章之前使用过的 js_tutorial 目录中，而不是回文包的目录中）：

```
$ cd ~/repos/js_tutorial/
$ curl -OL https://cdn.learnenough.com/phrases.txt
```

正如你可以通过在命令行运行 less phrases.txt 来进行确认的那样，该文件包含大量短语，其中一些恰好是回文。

我们的具体任务是编写一个回文检测器，该检测器遍历文件中的每一行，并打印出全部回文短语（同时忽略其他短语）。为此，我们需要打开文件并读取其内容。

使用文件系统的 fs 模块：

```
$ npm install --global fs
```

根据我们当前的文件名和编程规范（例如，用 let 代替 var，使用双引号），在 REPL 中如下所示：

```
> let fs = require("fs");
> let text = fs.readFileSync("phrases.txt", "utf-8");
```

在这里，我们选择了 readFile 函数的"Sync"（同步）版本，主要是因为我们不需要一次运行多个这样的程序（这就是"异步"的含义）。我们还包含了第二个参数，这表明源代码是 UTF-8 格式的，这是在 *Learn Enough HTML to Be Dangerous* 中讨论的 Unicode 字符集（https://www.learnenough.com/htmltutorial/html_intro#sec-an_html_skeleton）。

运行此代码的结果是将文本文件的全部内容加载到 text 变量中：

```
> text.length;
1373
> text.split("\n")[0];     // 通过换行符拆分文本，并提取第一个元素
'A butt tuba'
```

这里的第二个命令是通过换行符 \n 来拆分文本，并选择第一个元素，展示出文件神秘的第一行"A butt tuba"。

让我们从 REPL 中获取想法，并将它们放入脚本中：

```
$ touch palindrome_file
$ chmod +x palindrome_file
```

脚本本身很简单：我们只需打开文件，通过换行符分割内容，然后迭代生成的数组，打印出所有回文。结果显示在代码清单 10-1 中。在这个阶段，你应该很容易地读懂代码。（在本示例和后续示例中，如果你的 shebang 行与我的不同，请确保它与系统上某个节点的结果相匹配。）

代码清单 10-1　读取和处理文件的内容

palindrome_file

```
#!/usr/local/bin/node

let fs = require("fs");
let Phrase = require("<username>-palindrome");

let text = fs.readFileSync("phrases.txt", "utf-8");
text.split("\n").forEach(function(line) {
  let phrase = new Phrase(line);
  if (phrase.palindrome()) {
    console.log("palindrome detected:", line);
  }
});
```

请注意，只有在系统正确地安装了 palindrome 模块的情况下，代码清单 10-1 中的代码才能工作（9.1 节）。

在命令行运行脚本，确认文件中有相当多的回文。

```
$ ./palindrome_file
.
.
.
palindrome detected: Dennis sinned.
palindrome detected: Dennis and Edna sinned.
palindrome detected: Dennis, Nell, Edna, Leon, Nedra, Anita, Rolf, Nora,
Alice, Carol, Leo, Jane, Reed, Dena, Dale, Basil, Rae, Penny, Lana, Dave,
Denny, Lena, Ida, Bernadette, Ben, Ray, Lila, Nina, Jo, Ira, Mara, Sara,
Mario, Jan, Ina, Lily, Arne, Bette, Dan, Reba, Diane, Lynn, Ed, Eva, Dana,
Lynne, Pearl, Isabel, Ada, Ned, Dee, Rena, Joel, Lora, Cecil, Aaron, Flora,
Tina, Arden, Noel, and Ellen sinned.
palindrome detected: Go hang a salami, I'm a lasagna hog.
palindrome detected: level
palindrome detected: Madam, I'm Adam.
palindrome detected: No "x" in "Nixon"
palindrome detected: No devil lived on
palindrome detected: Race fast, safe car
palindrome detected: racecar
palindrome detected: radar
palindrome detected: Was it a bar or a bat I saw?
palindrome detected: Was it a car or a cat I saw?
palindrome detected: Was it a cat I saw?
palindrome detected: Yo, banana boy!
```

其中，我们看到了对简单回文"Dennis sinned"的扩展。

练习

你可以使用任何自己喜欢的方法（例如搜索节点写入文件），将代码添加到代码清单 10-1 的脚本中，将所有检测到的回文写入一个名为 palindromes.txt 的文件。

10.2 从 URL 读取信息

在本节中，我们将编写一个脚本，其效果与 10.1 节中的脚本相同，不同之处在于它直接从其公共 URL 读取 phrases.txt 文件。就其本身而言，该程序并没有做任何花哨的事情，但是你要意识到这是一个多么奇妙的事情：这些方案并不只是针对我们所访问的 URL 的，这意味着在本节之后，你将有能力编写程序来访问和处理几乎任何网络上的公共网站。（这种做法，有时被称为"网页抓取"，在进行此类操作时应该谨慎小心。）

如 10.1 节所述，安装 NPM 模块是必要的先决条件。与 NPM 模块通常的情况一样，我们可以通过多种不同的方法来完成相同的任务。根据网络搜索节点的结果读取网页 url 和

request[⊖]的备选方案列表，我们将使用 urllib 模块，可以按如下方式安装该模块[⊜]：

```
$ npm install urllib
```

然后我们可以按照 10.1 节的方式创建我们的脚本：

```
$ touch palindrome_url
$ chmod +x palindrome_url
```

查阅 urllib 文档（https://www.npmjs.com/package/urllib），我们可以发现（截至本文撰写之时）代码清单 10-2 中的示例代码。

代码清单 10-2　用于读取 URL 内容的示例代码

```javascript
var urllib = require('urllib');

urllib.request('http://cnodejs.org/', function (err, data, res) {
  if (err) {
    throw err; // 你需要处理错误
  }
  console.log(res.statusCode);
  console.log(res.headers);
  // 数据是 Buffer 实例
  console.log(data.toString());
});
```

像代码清单 10-2 这样的以代码为示例的引导是一种很好的做法。事实上，在每个阶段实际执行代码并不是一个坏主意，但为了简洁起见，我将省略输出，直到脚本完成。

我们可以通过更新约定（例如使用 let 代替 var）、使用更具描述性的名称以及删除我们绝对不需要的行来修改默认代码。

```javascript
let urllib = require("urllib");
urllib.request("http://www.cnodejs.org/", function(error, data, response) {
  console.log('body:', data.toString());
});
```

我们开始看到解决方案的雏形。urllib 模块打开给定 URL 的 Web 请求，并使用一个包含三个参数的函数：一个错误（如果有）、一个包含页面正文的数据对象（这是完整的页面，不要与 HTML 正文标记混淆）和一个响应对象。

在这一点上需要强调的是，我不知道这些对象到底是什么，所以你也不必完全了解。我所知道的是，我可以从代码清单 10-2 的示例代码中合理地推断出，data.toString() 是一个可以代替代码清单 10-1 中的 text 的字符串。（回想一下，我们在 4.1.2 节中看到了将 toString() 方法应用于数字的示例。）这足以解决我们的问题，因为这意味着我们可以将代码清单 10-2 中的 cnodejs.org URL 替换为 phrases.txt，并使用代码清单 10-1 中的回文检测逻辑对

⊖ 本书的原始版本使用了 request，但后来弃用此方法。

⊜ 由于一些我不太了解的原因，urllib 模块全局安装不起作用，至少在我的系统上是这样，所以我们选择在本地安装它。

```
console.log('body:', data.toString());
```

进行替换。

还有最后一个微妙之处，那就是 phrases.txt 的 URL 实际上是一个重定向：如果你访问
https://cdn.learnenough.com/phrases.txt，你会发现它实际上会转（使用 301 重定向）到亚马
逊的简单存储服务（S3）上的一个页面，如图 10-1 所示。

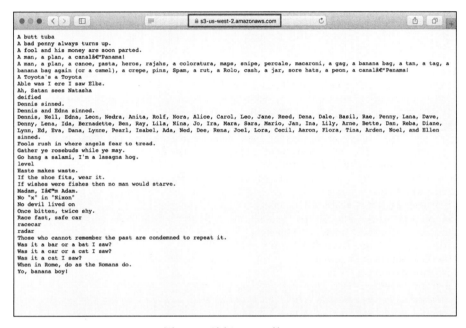

图 10-1　访问 phrase 的 URL

一些 URL 库默认遵循重定向，但 urllib 不遵循，因此我们必须添加一个选项，如 urllib
文档中所述的那样（https://www.npmjs.com/package/urllib#api-doc）。

```
urllib.request(url, { followRedirect: true }, function(error, data, response)
```

当 followRedirect 选项设置为 true 时，urllib 将跟随 301 重定向到 S3，因此最终代码如
代码清单 10-3 所示。

代码清单 10-3　读取 URL 的脚本

palindrome_url

```
#!/usr/local/bin/node

let urllib = require("urllib");
let Phrase = require("mhartl-palindrome");
let url = 'https://cdn.learnenough.com/phrases.txt'

urllib.request(url, { followRedirect: true }, function(error, data, response) {
  let body = data.toString();
  body.split("\n").forEach(function(line) {
```

```
    let phrase = new Phrase(line);
    if (phrase.palindrome()) {
      console.log("palindrome detected:", line);
    }
  });
});
```

基于这一点，我们已经准备好在命令行中试用该脚本：

```
$ ./palindrome_url
.
.
.
palindrome detected: Dennis sinned.
palindrome detected: Dennis and Edna sinned.
palindrome detected: Dennis, Nell, Edna, Leon, Nedra, Anita, Rolf, Nora,
Alice, Carol, Leo, Jane, Reed, Dena, Dale, Basil, Rae, Penny, Lana, Dave,
Denny, Lena, Ida, Bernadette, Ben, Ray, Lila, Nina, Jo, Ira, Mara, Sara,
Mario, Jan, Ina, Lily, Arne, Bette, Dan, Reba, Diane, Lynn, Ed, Eva, Dana,
Lynne, Pearl, Isabel, Ada, Ned, Dee, Rena, Joel, Lora, Cecil, Aaron, Flora,
Tina, Arden, Noel, and Ellen sinned.
palindrome detected: Go hang a salami, I'm a lasagna hog.
palindrome detected: level
palindrome detected: Madam, I'm Adam.
palindrome detected: No "x" in "Nixon"
palindrome detected: No devil lived on
palindrome detected: Race fast, safe car
palindrome detected: racecar
palindrome detected: radar
palindrome detected: Was it a bar or a bat I saw?
palindrome detected: Was it a car or a cat I saw?
palindrome detected: Was it a cat I saw?
palindrome detected: Yo, banana boy!
```

太神奇了，结果与我们在 10.1 节中看到的完全一样，但这一次，我们直接从实时网络上获取了数据。

练习

设置一个独立变量，用其来存储选择的项目列表（在本例中为回文）通常很有用。使用 6.2 节中讨论的 filter 方法，创建一个 palindromes 数组变量用来存储回文数据，如代码清单 10-4 所示。其输出与代码清单 10-3 的输出相同吗？

代码清单 10-4　以函数方式读取 URL

palindrome_url

```
#!/usr/local/bin/node

let urllib = require("urllib");
let Phrase = require("<username>-palindrome");
let url = 'https://cdn.learnenough.com/phrases.txt'

urllib.request(url, { followRedirect: true }, function(error, data, response) {
  let body  = data.toString();
```

```
let lines = body.split("\n");
let palindromes = lines.filter(line => /* FILL IN */);
palindromes.forEach(function(palindrome) {
  console.log("palindrome detected:", palindrome);
});
});
```

10.3　命令行中的 DOM 操作

在最后一节中，我们将充分利用在 10.2 节中学到的 URL 读取技巧，来复写我曾经编写的实际应用程序的脚本版本。首先，我将解释脚本产生的背景，以及它能够解决的问题。

近年来，可用于学习外语的资源激增，包括 Duolingo、谷歌翻译和本地操作系统对多语言文本转为语音（TTS）的支持。几年前，我决定利用这个机会复习高中 / 大学的西班牙语。

我的求助资源之一是维基百科，它包含大量的非英语类型的文章。特别是，我发现从西班牙语版的维基百科（见图 10-2）复制来的文本并将其放入谷歌翻译（见图 10-3）非常有用。此时，我可以使用谷歌翻译或 macOS 的文本转语音来听西班牙语单词，同时伴随着母语或翻译，非常有用。

图 10-2　一篇关于 JavaScript 的文章

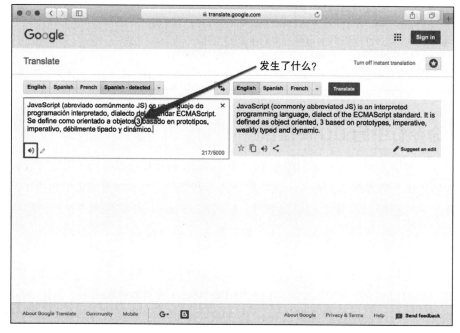

图 10-3　一篇关于 JavaScript 的文章被放到了谷歌翻译中

过了一段时间，我发现了两个一致的分歧点：

❑ 手工抄写大量段落很麻烦；

❑ 手写文本经常会选择我不想要的东西，尤其是 TTS 系统正确发音的参考数字，这会导致句子中间出现随机数字。例如，"它被定义为面向对象，3[tres] 基于原型" = "它被定义为面向对象，3[three] 基于原型"。发生了什么？

像这样的分歧进发了许多实用程序脚本的灵感，因此诞生了 wikp（"维基百科段落"），这是一个下载维基百科文章 HTML 源代码、提取段落并删除参考号的程序，并将所有结果转储到屏幕上。

最初的 wikp 程序是用 Ruby 编写的，但用 JavaScript 也同样简单（可以说更容易）。从代码清单 10-3 中我们已经知道了如何下载源代码。余下的任务是：

1. 在命令行中使用任意的 URL 参数；

2. 将下载的 HTML 当作常规 DOM 进行操作（9.3 节）；

3. 删除参考文献；

4. 输出段落。

我想强调的是，当我开始编写本书时，我还不能用 JavaScript 做任何的这些操作。因此，这一部分不仅仅是告诉你如何做到这一点。这是关于教你如何自己解决这些问题，换句话说，经典的技术技巧。

让我们从创建初始化脚本开始：

```
$ touch wikp
$ chmod +x wikp
```

现在我们已经准备好开始编写主程序了。对于上面的每一项任务，你在谷歌中搜索到的解决方法我都会用到。

首先，我们将 URL 作为命令行参数（JavaScript 节点命令行参数），如代码清单 10-5 所示。请注意，我们包含了一个 console.log 行，作为跟踪进度的临时方法。

代码清单 10-5　接受一个命令行参数

wikp

```
#!/usr/local/bin/node

// 返回维基百科链接中的段落，去掉参考号

let urllib = require("urllib");
let url = process.argv[2];

console.log(url);
```

我们可以确认的是代码清单 10-5 如我们所说的那样：

```
$ ./wikp https://es.wikipedia.org/wiki/JavaScript
https://es.wikipedia.org/wiki/JavaScript
```

接下来，我们需要学习如何使用 Node 解析 HTML，这有几种可能性。我们已知最为相关的是 JSDOM：

```
$ npm install jsdom
```

将 JSDOM 添加到我们的脚本中得到了如代码清单 10-6 所示的内容。

代码清单 10-6　添加 JSDOM

wikp

```
#!/usr/local/bin/node

// 返回维基百科链接中的段落，去掉参考号

let urllib = require("urllib");
let url = process.argv[2];
const jsdom = require("jsdom");
const { JSDOM } = jsdom;
```

为什么代码清单 10-5 有这个看起来很奇怪的赋值操作？

```
const { JSDOM } = jsdom;
```

答案是，我并不知道。我直接从 JSDOM 文档中复制并粘贴了代码，这是每个开发人员的基本技能（如图 10-4 所示）。

我们必须做更多的工作才能看到 JSDOM 的输出效果。根据文档，我们可以使用以下代码创建一个模拟文档对象，就像我们在代码清单 9-8 中看到的那样。

```
let { document } = (new JSDOM(body)).window;
```

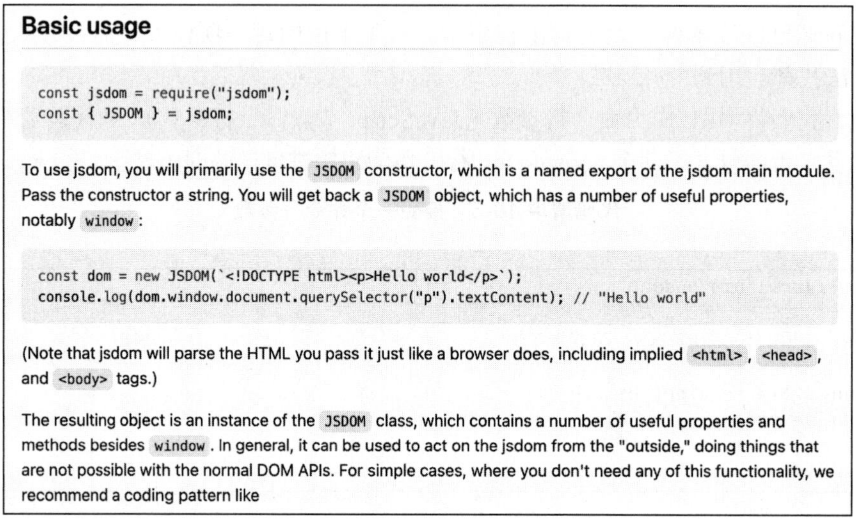

Basic usage

```
const jsdom = require("jsdom");
const { JSDOM } = jsdom;
```

To use jsdom, you will primarily use the `JSDOM` constructor, which is a named export of the jsdom main module.
Pass the constructor a string. You will get back a `JSDOM` object, which has a number of useful properties,
notably `window`:

```
const dom = new JSDOM(`<!DOCTYPE html><p>Hello world</p>`);
console.log(dom.window.document.querySelector("p").textContent); // "Hello world"
```

(Note that jsdom will parse the HTML you pass it just like a browser does, including implied `<html>`, `<head>`,
and `<body>` tags.)

The resulting object is an instance of the `JSDOM` class, which contains a number of useful properties and
methods besides `window`. In general, it can be used to act on the jsdom from the "outside," doing things that
are not possible with the normal DOM APIs. For simple cases, where you don't need any of this functionality, we
recommend a coding pattern like

图 10-4　复制粘贴一点也没有错

JSDOM 文档使用 const，但我们将使用 let 作为一个标志，这表明我们可能会（通过删除引用）更改文档。

将其与代码清单 10-3 中的下载代码相结合，得到了代码清单 10-7。

代码清单 10-7　添加一个模拟 DOM

wikp

```
#!/usr/local/bin/node

// 返回维基百科链接中的段落，去掉参考号

let urllib = require("urllib");
let url = process.argv[2];
const jsdom = require("jsdom");
const { JSDOM } = jsdom;

urllib.request(url, { followRedirect: true }, function(error, data, response) {
  let body = data.toString();
  // 模拟文档对象模型
  let { document } = (new JSDOM(body)).window;
});
```

我们的下一个任务是获取所有的段落和参考文献。由于我们有一个模拟的 DOM，我们可以使用类似于我们在 9.2 节中首次看到的 querySelector 函数。该函数只返回了一个 DOM 元素，但我们可以猜测如何找到所有元素（JavaScript querySelector 返回所有元素）。事实上，截至本文撰写之时，该解决方案是谷歌搜索出来的第一个例子：

```
let paragraphs = document.querySelectorAll("p");
```

我所做的唯一更改是将 var matches 修改为 let paragraphs。

类似的代码适用于查找所有参考文献，但这里我们需要了解一些维基百科的来源。我们可以使用 Web 检查器（1.3.1 节）来查看所有包含 CSS 类的引用，如图 10-5 所示。

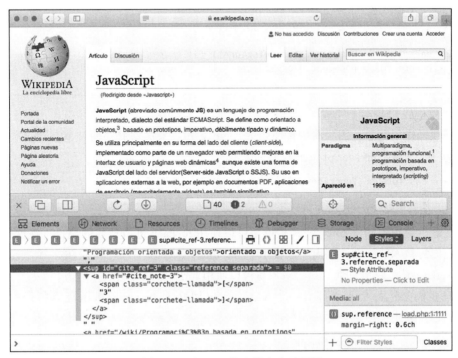

图 10-5　在 Web 检查器中查看引用

现在，如果我告诉你代码

```
document.querySelector("#palindromeTester");
```

返回了通过 id 选择器选择的 palindromeTester 元素（如代码清单 9-9 所示），你会猜测找到 CSS 类中所有等于 reference 的元素的代码是什么。CSS 类表示法是在它前面加一个点，而不是 #，我们刚刚学会了如何使用 querySelectorAll 来查找这些元素，这意味着你可能会猜到代码是这样的：

```
let references = document.querySelectorAll(".reference");
```

将这些赋值语句添加到脚本，如代码清单 10-8 所示。

代码清单 10-8　抓取出段落和参考文献

wikp

```
#!/usr/local/bin/node

// 返回维基百科链接中的段落，去掉参考号

let urllib = require("urllib");
let url = process.argv[2];
```

```
const jsdom = require("jsdom");
const { JSDOM } = jsdom;

urllib.request(url, { followRedirect: true }, function(error, data, response) {
  let body = data.toString();
  // 模拟文档对象模型
  let { document } = (new JSDOM(body)).window;
  // 获取所有的段落和参考文献
  let paragraphs = document.querySelectorAll("p");
  let references = document.querySelectorAll(".reference");
});
```

到此为止我们基本上完成了全部操作。我们只需要删除引用，然后打印出每一段的内容。第一项操作很简单，因为有一种原生的 remove 方法来移除 HTML "节点"（文档对象模型树中的一个元素，javascript dom 移除元素）：

```
references.forEach(function(reference) {
  reference.remove();
});
```

请注意，这可以猜测 references 是一个可以使用 forEach 进行迭代的集合，在这一点上，它应该在你的技术熟练度范围内。从技术上讲，querySelectorAll 返回的不是一个数组，而是一个 "NodeList"。尽管如此，这个对象也可以使用 forEach 来对其进行遍历。

一旦我们知道每个元素都有一个 textContent 属性（javascript dom 元素打印的内容），那么第二个任务也很简单：

```
paragraphs.forEach(function(paragraph) {
  console.log(paragraph.textContent);
});
```

将所有内容组合在一起，得到了如代码清单 10-9 所示的 wikp 脚本。

代码清单 10-9　维基百科的最终段落脚本

wikp

```
#!/usr/local/bin/node

// 返回维基百科链接中的段落，去掉参考号

let urllib = require("urllib");
let url = process.argv[2];

const jsdom = require("jsdom");
const { JSDOM } = jsdom;

urllib.request(url, { followRedirect: true }, function(error, data, response) {
  let body = data.toString();
  // 模拟文档对象模型
  let { document } = (new JSDOM(body)).window;

  // 获取所有的段落和参考文献
  let paragraphs = document.querySelectorAll("p");
```

```
let references = document.querySelectorAll(".reference");

// 删除所有引用
references.forEach(function(reference) {
  reference.remove();
});
// 打印出所有段落
paragraphs.forEach(function(paragraph) {
  console.log(paragraph.textContent);
});
});
```

让我们看看进展如何：

```
$ ./wikp https://es.wikipedia.org/wiki/JavaScript
.
.
.
Existen algunas herramientas de ayuda a la depuración, también escritas en
JavaScript y construidas para ejecutarse en la Web. Un ejemplo es el programa
JSLint, desarrollado por Douglas Crockford, quien ha escrito extensamente
sobre el lenguaje. JSLint analiza el código JavaScript para que este quede
conforme con un conjunto de normas y directrices y que aseguran su correcto
funcionamiento y mantenibilidad.
```

成功啦！通过在终端中向上滚动，我们可以选择所有文本，并将其放入谷歌翻译或我们选择的文本编辑器中。在 macOS 上，我们可以通过将结果传输（https://www.learnenough.com/command-line-tutorial/inspecting_files#sec-wordcount_and_pipes）到 pbcopy 来做得更好，pbcopy 会自动将结果复制到 macOS 粘贴板（也称为"剪贴板"）。

```
$ ./wikp https://es.wikipedia.org/wiki/JavaScript | pbcopy
```

此时，粘贴到谷歌翻译（或其他任何地方）将粘贴全文[⊖]。

想想这一成就有多了不起。代码清单 10-9 中的脚本有点棘手，要想独立完成这项工作，可能需要多个 console.log 语句，但这并不完全是一件难以理解的事情。然而，它确实很有用，如果你积极学习外语，你可能会一直使用它。此外，这所涉及的基本技能，不仅包括编程，还包括复杂的技术（<cough>Googling</cough>），它释放了大量潜在的应用程序。

练习

1. 通过移动文件或更改系统配置，添加 wikp 脚本到环境变量的 PATH 中。［你可能会发现 *Learn Enough Text Editor to Be Dangerous* 中的步骤（https://www.learnenough.com/text-editor-tutorial/advanced_text_editing#sec-writing_an_executable_script）很有帮助。］确

⊖ 谷歌翻译对一次翻译多少文本是有限制的，但出于文本到语音的目的，你总是可以将其粘贴到文字处理器中，然后使用操作系统的本地 TTS 来进行处理。

认你可以在不通过 ./ 进行预处理的情况下运行 wikp 到命令名称。

2. 如果在没有参数的情况下运行 wikp，会发生什么？向脚本中添加代码，以检测命令行是否缺少参数，并输出适当的用法语句。提示：打印出使用说明后，你将不得不退出，你可以通过检索来学习"通过节点退出脚本"的相关操作。

3. 文本中提到的"传输到 pbcopy"技巧仅适用于 macOS，但任何与 UNIX 兼容的系统都可以将输出重定向到文件（https://www.learnenough.com/command-line-tutorial/manipulating_files#sec-redirecting_and_appending）。将 wikp 的输出重定向到一个名为 article.txt 的文件的命令是什么？（然后，你可以打开此文件，全部选择，复制内容，这与传输到 pbcopy 的操作具有相同的输出结果。）

第 11 章

完整的应用程序示例：图片库

作为我们新发现的 JavaScript 功能的最后一个应用，在最后一章中，我们将在 *Learn Enough CSS & Layout to Be Dangerous* 中开发的示例应用的基础上构建一个图像库。特别是，我们将遵循 JavaScript 教程中悠久的传统，创建一个自定义图像显示和交换功能的图像库。在本例中，它将呈现为一个花哨的三列布局（https://www.learnenough.com/css-andlayout-tutorial/flex-intro#sec-pages-3col）。

准备好图库（11.1 节）后，我们将学习如何更改图库中的图像（11.2 节），将图像设置为"当前"（11.3 节），并更改图像标题和描述（11.4 节）。因为我们的起点是 *Learn Enough CSS & Layout to Be Dangerous* 中开发的专业级网站，因此 JavaScript 教程示例库的结果（见图 11-1）非常完美。

图 11-1　这就是我们要开发的图片库

11.1 为图片库做准备工作

要想使用我们的图片库，你需要为该网站获取一个用来启动应用程序的副本（https://github.com/learnenough/le_js_full）。第一步是制作应用程序的个人副本，你可以使用GitHub 的 Fork 功能来完成这项工作（见图 11-2）。

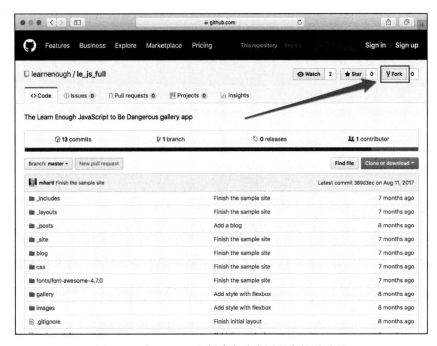

图 11-2　在 GitHub 上创建启动应用程序的子进程

下一步取决于你当前是否在 <username>.GitHub.io 上有 GitHub Pages 网站。如果你没有这样的存储库，你可以相应地重命名你的应用程序（见图 11-3），它将在 URL<username>.github.io 上自动转换成可应用状态。

重命名 repo 后，你可以使用 GitHub 上的克隆 URL，将图库应用程序克隆到本地操作系统（见图 11-4）。

```
$ git clone <clone URL> <username>.github.io
```

通过对 Learn Enough CSS & Layout to Be Dangerous 的学习，如果你已经在 <username>.github.io 上有一个存储库，那么你应该通过忽略 git clone 的第二个参数，将图片库应用程序克隆到默认目录（而不重命名它）。

```
$ git clone <clone URL>    # Command if you already have <username>.github.io
```

这将创建一个名为 le_js_full 的本地存储库，你可以将其用作复制所需文件的参考。特别是，你将需要图库的 index.html 以及不同大小尺寸的图像。

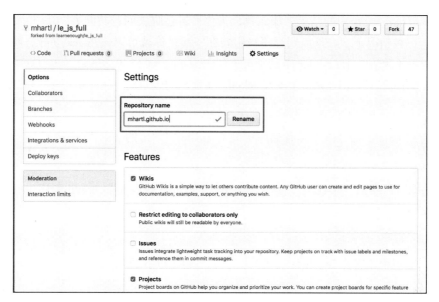

图 11-3　重命名为默认的 GitHub 页面名

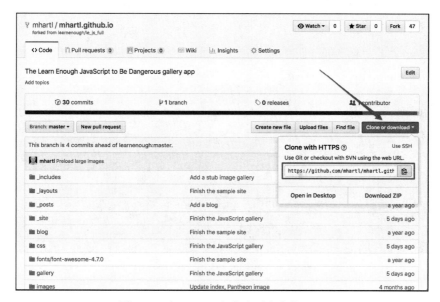

图 11-4　在 GitHub 上获取要克隆的 URL

```
# Run these commands only if you already have <username>.github.io
# from following Learn Enough CSS & Layout to Be Dangerous.
$ cd le_js_full/
$ cp gallery/index.html /path/to/repo/<username>.github.io/gallery/
$ cp -r images/* /path/to/repo/<username>.github.io/images/
```

如果你已经在 <username>.github.io 上有了一个 repo，但不是遵循 *Learn Enough CSS &*

Layout to Be Dangerous 中的结果，那么我认为你有自己解决问题的能力。

在任何一种情况下，一旦应用程序被组装在一起，你就可以使用 Jekyll 静态网站生成器来运行它。为了预防尚未安装 Jekyll 的情况，*Learn Enough CSS & Layout to Be Dangerous* 中的 Jekyll 设置说明解释了如何在系统上安装 Jekyll。更简洁的版本是，你首先需要安装 Bundler。

```
$ gem install bundler -v 2.2.17
```

然后使用 bundle 命令来安装存储库中的 Gemfile 中列出的 jekyll gem。

```
$ bundle _2.2.17_ install
```

一旦安装了 Jekyll，你就可以使用 Bundler 来执行正确版本的 Jekyll 程序，从而为示例网站提供服务。

```
$ bundle exec jekyll serve
```

此时，应用程序将在 localhost:4000 上运行，如图 11-5 所示。

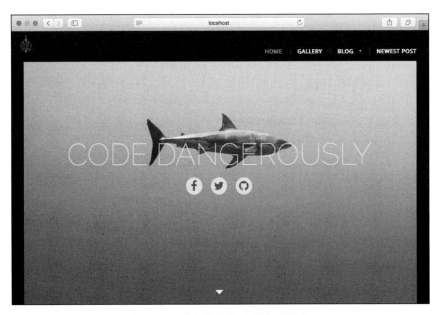

图 11-5　我们的初始示例应用程序

11.1.1　准备 JavaScript

作为最后一点准备，我们将为图库的主要功能添加一个存根 activateGallery，我们将在本章的剩余部分完善它。因为我们将用纯 JavaScript 来执行所有操作，所以不需要包括任何 Node 模块、运行 browserfy 等。事实上，我们所需要做的就是编写一个函数。

我们的第一步是制作一个目录和 JavaScript 文件（记住，这是在应用程序目录中，而不是 js_tutorial 中）。

```
$ mkdir js
$ touch js/gallery.js
```

首先，我们向 gallery.js 添加一个初始警告（如代码清单 11-1 所示）。

代码清单 11-1　一个图片库存根文件

js/gallery.js

```
function activateGallery() {
  alert("Hello from the gallery file!");
}
```

在文件的头部，我们将使用 src 属性包含图片库的 JavaScript 文件（第 5.2 节），并添加一个事件监听器（第 9.2 节），以便在加载 DOM 后自动运行图片库的激活函数（代码清单 9-9）。结果如代码清单 11-2 所示。

代码清单 11-2　图片库引入 JavaScript 文件

_includes/head.html

```
<head>
  .
  .
  .
  <link rel="stylesheet" href="/css/main.css">

  <script src="/js/gallery.js"></script>
  <script>
    document.addEventListener("DOMContentLoaded", function() {
      activateGallery();
    });
  </script>
</head>
```

现在访问本地图片库的页面，来确认 JavaScript 已正确加载（见图 11-6）。

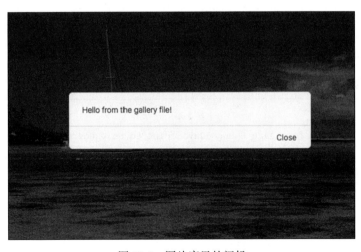

图 11-6　图片库里的问候

11.1.2 练习

将你的图片库存根部署到 GitHub 页面，并确认它在生产中有效。

11.2 更改图片库的图像

让我们来看看应用程序的当前状态。图片库的页面有三列：一列包含较小的"缩略图"图像，一列包含主图像，另一列包含说明。如图 11-7 所示，在默认状态下，缩略图中的"当前图像"的指示符与主图像不匹配，与其描述也不匹配。

图 11-7　最初的图片库图像

我们可以通过查看图片库的当前 HTML 结构来了解这种不匹配的问题根源，如代码清单 11-3 所示。

代码清单 11-3　图片库的 HTML

gallery/index.html

```
1    ---
2    layout: default
3    title: Gallery for Learn Enough JavaScript to Be Dangerous
4    ---
5
6    <div class="gallery col-three">
7      <div class="col col-nav gallery-thumbs" id="gallery-thumbs">
8        <div class="current">
9          <img src="/images/small/beach.jpg" alt="Venice Beach"
10               data-large-version="/images/large/beach.jpg"
11               data-title="Venice Beach"
12               data-description="An overhead shot of Venice Beach, California.">
13        </div>
```

```
14         .
15         .
16         .
17       <div>
18         <img src="/images/small/turtle.jpg" alt="turtle"
19               data-large-version="/images/large/turtle.jpg"
20               data-title="Sea Turtle"
21               data-description="A friendly sea turtle.">
22       </div>
23     </div>
24     <div class="col col-content">
25       <div class="gallery-photo" id="gallery-photo">
26         <img src="/images/large/boat.jpg" alt="Catamaran">
27       </div>
28     </div>
29     <div class="col col-aside gallery-info" id="gallery-info">
30       <h3 class="title">Pacific Sunset</h3>
31       <p class="description">A sunset over the Pacific Ocean.</p>
32     </div>
33   </div>
```

从代码清单 11-3 中，我们可以看到当前图像用一个名为 current 的 CSS 类选择器表示（第 8 行），主图像在一个 id 选择器为 gallery-photo 的 HTML 的 div 标签中（第 25 行），标题和描述在一个 id 选择器为 gallery-info 的 HTML 的 div 标签中（第 29 行）。我们的任务是动态更新这个 HTML（9.3 节），使所有三列中的信息匹配。

就用户界面而言，我们的首要任务就是当用户单击缩略图时，交换主图像。我们的策略是在每个图像上放置一个事件监听器（9.2 节），然后在单击时更改主显示图像的源（src）。

为此，首先我们将创建一个包含所有图像列表的变量[⊖]。检查代码清单 11-3 中的 HTML 源代码，我们可以看到缩略图都是 id 选择器为 gallery-thumbs 的 div 元素中的 img 标签。因此，我们可以通过结合 querySelector（9.2 节）选择缩略图 div 和 querySelectorAll（10.3 节）选择所有图像，通过使用方法链接（5.3 节）来选择所有缩略图。

```
let thumbnails = document.querySelector("#gallery-thumbs").
                      querySelectorAll("img");
```

请注意，JavaScript 允许我们通过跨行中断进行方法调用，以使结构更清晰，并避免突破每行 80 个字符的限制（见方框 2-3）。

通过迭代 thumbnails，我们可以使用如下代码在每个缩略图上放置一个事件监听器：

```
thumbnails.forEach(function(thumbnail) {
  thumbnail.addEventListener("click", function() {
    // 将单击的图像设置为主图像的代码
  });
});
```

⊖ 如 10.3 节所述，从技术上讲，querySelectorAll 的输出结果是一个"NodeList"对象，而不是一个数组，但出于迭代的目的，我们可以将其视为一个数组。具体来说，我们可以使用 forEach 方法遍历它的元素。

设置监听与我们在代码清单 9-13 中看到的"单击"事件作用相同。

如代码示例中间的 JavaScript 注释所示，监听器的主体应该将单击的图像设置为主图像。我们要做的方法是将当前显示图像的 src 属性设置为所单击图像的"大"版本。参考代码清单 11-3，我们看到主图像位于一个带有 id 选择器为 gallery-photo 的 div 中，因此我们可以通过 querySelector 来选择它。

```
let mainImage = document.querySelector("#gallery-photo").
                          querySelector("img");
```

事实上，querySelector 足够智能，可以让我们将以上内容组合成一个命令：

```
let mainImage = document.querySelector("#gallery-photo img");
```

值得注意的是，有一种等效的替代表示法，它使用符号 > 来强调元素之间的嵌套关系（在本例中，img 元素嵌套在 id 选择器为 gallery-photo 的 div 中）。

```
let mainImage = document.querySelector("#gallery-photo > img");
```

我们将在 11.2 节中对 querySelectorAll 使用这个替代表示法。

获得主图像后，我们就可以使用 setAttribute 方法（JavaScript 的 dom 元素设置 src 属性）来更改其 src 属性。

```
mainImage.setAttribute("src", newImageSrc);
```

如果你一直在密切关注，你现在会意识到，除了新图像的来源 newImageSrc 之外，我们所需要的一切都已经创建完成。令人高兴的是，示例应用程序已经设置在图像标签本身中对必要的路径进行编码。为了便于论证，假设我们单击了太平洋日落图像，其 HTML 如下所示：

```
<div>
  <img src="/images/small/sunset.jpg" alt="sunset"
      data-large-version="/images/large/sunset.jpg"
      data-title="Pacific Sunset"
      data-description="A sunset over the Pacific Ocean.">
</div>
```

在这样的标签中编码数据是不引人注目的 JavaScript 的一个重要方面，这涉及永远不要将 JavaScript 放在 HTML 本身的主体中。在 HTML 标记上使用这些数据属性时，浏览器会自动创建一个特殊的 dataset 属性，其值对应于 HTML 源，如下所示：

```
data-large-version -> thumbnail.dataset.largeVersion
data-title         -> thumbnail.dataset.title
data-description   -> thumbnail.dataset.description
```

通常，HTML 元素对象上的数据标签 data-foo-bar-baz 对应于变量 object.dataset.fooBarBaz，其中最后一个属性在 CamelCase 中（见图 2-2）。

我们现在拥有了用单击的图像替换主图像所需的一切。如果你想自己尝试一下，这是一种很好的锻炼方式。像往常一样，如果遇到问题，请使用调试控制台（见方框 5-1）。答案如代码清单 11-4 所示。

代码清单 11-4　设置图片库的主图像

js/gallery.js

```
// 激活图像库
// 主要任务是为库中的每个图像附加一个事件侦听器
// 并在单击时做出适当的回应
function activateGallery() {
  let thumbnails = document.querySelector("#gallery-thumbs").
                             querySelectorAll("img");
  let mainImage = document.querySelector("#gallery-photo img");

  thumbnails.forEach(function(thumbnail) {
    thumbnail.addEventListener("click", function() {
      // 将单击的图像设置为主图像
      let newImageSrc = thumbnail.dataset.largeVersion;
      mainImage.setAttribute("src", newImageSrc);
    });
  });
}
```

除了更改 src 属性外，我们还应该更改交换图像的 alt 属性。添加此细节仅作为练习。

向下滚动并单击太平洋日落图像会产生预期的结果（见图 11-8）。然而，与第三列描述的一致性是巧合，单击任何其他图像都可以看到这一点（见图 11-9）。此外，只有当我们碰巧单击了相应的缩略图时，橙色的"当前图像"指示器才会与库中的主图像匹配（见图 11-10）。

图 11-8　太平洋日落

图 11-9　与图 11-8 中的图像 / 描述匹配是巧合

图 11-10　这里的"当前图像"匹配也是巧合

练习

1. 代码清单 11-4 中的代码交换了新的大图像的 src，但不幸的是，alt 属性仍然是代码清单 11-3 中的默认属性（见图 11-11）。通过用适当的值替换 FILL_IN 来弥补代码清单 11-5 中的这个小缺陷。提示：缩略图的图像 src 的值由 thumbnail.src 给定，那么你认为如何获得缩略图的 alt 属性的值？

图 11-11　alt 属性与图像 src 不匹配

代码清单 11-5　更新图像 alt 属性

js/gallery.js

```
// 激活图像库
// 主要任务是为库中的每个图像附加一个事件侦听器
// 并在单击时做出适当的回应
function activateGallery() {
  let thumbnails = document.querySelector("#gallery-thumbs").
                            querySelectorAll("img");
  let mainImage = document.querySelector("#gallery-photo img");

  thumbnails.forEach(function(thumbnail) {
    thumbnail.addEventListener("click", function() {
      // 将单击的图像设置为主图像
      let newImageSrc = thumbnail.dataset.largeVersion;
      mainImage.setAttribute("src", newImageSrc);
      mainImage.setAttribute("alt", FILL_IN);
    });
  });
}
```

2. 正如正文中所暗示的，可以更改代码清单 11-4 中的缩略图定义，以消除方法链接。首先我们注意到，图库缩略图是 id 选择器为 gallery-thumbs 的 div 元素中的 img 标签，我们可以方便地使用符号 > 指示"内部"。通过替换代码清单 11-6 中的 ??? 进行适当的标记，我们可以将缩略图的定义压缩为一行。注意：我通常建议选择一种约定并坚持使用，但现在我们将使 querySelectorAll 和 querySelector 的参数不一致（一个带符号 >，一个没有），以强调这两种表示法都有效。

代码清单 11-6　将缩略图压缩为一行

js/gallery.js

```
// 激活图像库
// 主要任务是为库中的每个图像附加一个事件侦听器
// 并在单击时做出适当的回应
function activateGallery() {
  let thumbnails = document.querySelectorAll("#gallery-thumbs > ??? > ???");
  let mainImage  = document.querySelector("#gallery-photo img");
  .
  .
  .
}
```

11.3　设置当前图像

11.2 节代表了一项重大成就：完成了照片库的主要任务，即根据用户的单击交换主显示图像。我们现在所需要做的就是更改第一列（本节）中的"当前图像"指示器，并更新第三列（11.4 节）的图像信息。这两项任务都涉及新技术和旧技术的混合。

如代码清单 11-3 所示，当前图像在 HTML 源代码中使用一个名为 current 的 CSS 类表示。

```
<div class="current">
  <img src="/images/small/beach.jpg" alt="Venice Beach"
    data-large-version="/images/large/beach.jpg"
    data-title="Venice Beach"
    data-description="An overhead shot of Venice Beach, California.">
</div>
```

这会由于 main.css 中的一条线而导致橙色框阴影。

```
.
.
.gallery-thumbs .current img {
  box-shadow: 0 0 0 5px #ed6e2f;
  opacity: 1;
}
.
.
.
```

我们的基本策略是向代码清单 11-4 中的监听器添加代码，该代码设置从它所在的缩略图中删除当前图像指示符，并将其移动到已单击的缩略图。实际操作比看起来更棘手，因为类不在图像上——它在图像周围的 div 上。幸运的是，JavaScript 让我们可以轻松地在 DOM 中上下导航，这样我们就可以轻松地访问 DOM 树中一级以上的 DOM 元素（图 9-6），即所谓的父节点。

简而言之，我们更改当前图像的类的算法如下：

1. 找到当前缩略图并删除当前类；

2. 将当前类添加到单击图像的父级。

因为页面上只有一个元素的类为 current，所以我们可以使用 querySelector 来选择它。

```
document.querySelector(".current");
```

但我们如何才能删除该类？ javascript dom 移除类。这就引出了 classList 方法及其伴随的 remove 方法：

```
document.querySelector(".current").classList.remove("current");
```

这里有很多方法链接，但它的含义已经足够清楚了。

令人高兴的是，一旦我们知道如何找到元素的父节点（javascript dom 父节点），我们就可以使用相应的 classList.add 方法（javascript dom 添加类）来添加所需的类。

```
thumbnail.parentNode.classList.add("current");
```

把这些组合在一起意味着我们已经完成了，结果如代码清单 11-7 所示（其中包括解决 11.2 节中练习的结果）。

代码清单 11-7　更改当前类

js/gallery.js

```
// 激活图像库
// 主要任务是为库中的每个图像附加一个事件侦听器
// 并在单击时做出适当的回应
function activateGallery() {
  let thumbnails = document.querySelectorAll("#gallery-thumbs > div > img");
  let mainImage  = document.querySelector("#gallery-photo img");

  thumbnails.forEach(function(thumbnail) {
    thumbnail.addEventListener("click", function() {
      //将单击的图像设置为显示图像
      let newImageSrc = thumbnail.dataset.largeVersion;
      mainImage.setAttribute("src", newImageSrc);

      //更改当前图像
      document.querySelector(".current").classList.remove("current");
      thumbnail.parentNode.classList.add("current");
    });
  });
}
```

代码清单 11-7 中的代码使得，无论图像是 Sierras 的猛犸山（如图 11-12 所示）还是加利福尼亚州圣马力诺的亨廷顿（见图 11-13），单击缩略图都会自动更新当前图像指示符。

练习

代码清单 11-7 中有一点重复，特别是，它重复字符串文字" current"。通过将字符串分解为一个名为 currentClass 的变量来消除这种重复。

图 11-12　猛犸山

图 11-13　亨廷顿的中国花园

11.4 更改图像信息

我们的最后一项任务是更新图库第三列中的图像信息（标题和描述）。做到这一点实际上并不需要我们以前从未接触过的技术——我们只需要以一种稍微新的方式将我们已经学到的技术组合在一起，使这成为结束教程的一种很好的方式。

我们将遵循的顺序很简单：

1. 查找包含图像标题和描述的 DOM 元素；
2. 将内容替换为单击的图像中的相应数据。

为了找到必要的 DOM 元素，我们首先观察到它们都在 id 选择器为 gallery-info 的 div 中：

```
<div class="col col-aside gallery-info" id="gallery-info">

  <h3 class="title">Pacific Sunset</h3>
  <p class="description">A sunset over the Pacific Ocean.</p>
</div>
```

在该 div 中，这两个元素都是第一个（也是唯一一个）分别具有 title 和 description 类的元素，这意味着我们可以按如下方式选择它们：

```
let galleryInfo = document.querySelector("#gallery-info");
let title       = galleryInfo.querySelector(".title");
let description = galleryInfo.querySelector(".description");
```

请注意，我添加了额外的空格来排列等号，这是一种很好的（尽管不是绝对必要的）代码规范化实践（见方框 2-3）。

我们可以使用 11.2 节中介绍的 dataset 变量来获得单击图像的相应值，如获得标题。

```
thumbnail.dataset.title
```

和获得描述：

```
thumbnail.dataset.description
```

谜题的最后一部分是我们在 9.3 节中首次看到的 innerHTML 属性，它允许我们直接更新 DOM 元素的内部 HTML。

```
title.innerHTML       = thumbnail.dataset.title;
description.innerHTML = thumbnail.dataset.description;
```

将所有内容放在一起，得到 activateGallery 函数的最终版本，如代码清单 11-8 所示。

代码清单 11-8　单击后更新图像标题和描述

js/gallery.js

```
// 激活图像库
// 主要任务是为库中的每个图像附加一个事件侦听器
// 并在单击时做出适当的回应
function activateGallery() {
  let thumbnails = document.querySelectorAll("#gallery-thumbs > div > img");
```

```
let mainImage  = document.querySelector("#gallery-photo img");
// 要更新的图像信息
let galleryInfo = document.querySelector("#gallery-info");
let title       = galleryInfo.querySelector(".title");
let description = galleryInfo.querySelector(".description");

thumbnails.forEach(function(thumbnail) {
  thumbnail.addEventListener("click", function() {
    // 将单击的图像设置为显示图像
    let newImageSrc = thumbnail.dataset.largeVersion;
    mainImage.setAttribute("src", newImageSrc);

    // 更改当前图像
    document.querySelector(".current").classList.remove("current");
    thumbnail.parentNode.classList.add("current");

    // 更改图像信息
    title.innerHTML       = thumbnail.dataset.title;
    description.innerHTML = thumbnail.dataset.description;
  });
});
}
```

我们的最后一个更改是为新访问者同步这三列，以便第一列（当前图像指示符）、第二列（主图像）和第三列（图像信息）都匹配。这只需要更新库索引 HTML，如代码清单 11-9 所示。

代码清单 11-9　所有三列都已同步

gallery/index.html

```
---
layout: default
title: Gallery for Learn Enough JavaScript to Be Dangerous
---

<div class="gallery col-three">
  <div class="col col-nav gallery-thumbs" id="gallery-thumbs">
    <div class="current">
      <img src="/images/small/beach.jpg" alt="Venice Beach"
          data-large-version="/images/large/beach.jpg"
          data-title="Venice Beach"
          data-description="An overhead shot of Venice Beach, California.">
    </div>
      .
      .
      .
  </div>
  <div class="col col-content">
    <div class="gallery-photo" id="gallery-photo">
      <img src="/images/large/beach.jpg" alt="Venice Beach">
    </div>
  </div>
  <div class="col col-aside gallery-info" id="gallery-info">
    <h3 class="title">Venice Beach</h3>
    <p class="description">An overhead shot of Venice Beach, California.</p>
  </div>
</div>
```

现在，我们的三个专栏都统一了，无论是迎接新游客的威尼斯海滩图片（见图 11-14）、友好的海龟（如图 11-15 所示）、洛杉矶市中心的华特迪士尼音乐厅（见图 11-16），还是罗马的弗拉维安露天剧场（斗兽场)(见图 11-17）。

图 11-14　加利福尼亚州威尼斯海滩

图 11-15　一只友好的海龟

图 11-16　洛杉矶市中心的华特迪士尼音乐厅

图 11-17　罗马的弗拉维亚露天剧场（斗兽场）

11.4.1　部署

　　包括全部 JavaScript 在内的所有必要文件都是我们项目的本地文件（与前几章中的一些 NPM 模块不同），我们可以通过简单的 git push 将我们的应用程序部署到 GitHub 页面。

```
$ git add -A
$ git commit -m "Finish the JavaScript gallery"
$ git push
```

访问 <username>.github.io 上的图库并单击图片即可确认：我们已经将动态 JavaScript 应用程序部署到了实时 Web 上（见图 11-18）。

图 11-18　JavaScript 图库应用程序在实时网络上

要了解如何使用自定义域而不是 GitHub.io 子域来托管 GitHub Pages 网站，请参阅免费教程 *Learn Enough Custom Domains to Be Dangerous*。

11.4.2　练习

当单击实时站点上的新缩略图（见图 11-18）时，你可能会注意到主图像出现在中心之前有一点延迟。这是因为，与缩略图不同的是，大版本图像还没有下载。

通常的做法是通过在后台预加载图像以将其放入浏览器缓存来防止这种微小但令人讨厌的延迟——这是我们可以使用 JavaScript 完成的任务。诀窍是创建一个新的 Image 对象（JavaScript 图像对象），并为其分配与每个缩略图对应的大图像的 src。这迫使浏览器在加载页面之前下载所有大图像。

通过填写代码清单 11-10 中的代码并部署结果，确认图像预加载是有效的，并且最终的图像交换是快速响应的。（请注意，我们已经将 newImageSrc 从监听器中取出，这是一个关于使用什么来替换 FILL_IN 的重要提示。）

代码清单 11-10　预加载大版本图片

js/gallery.js

```
// 激活图像库
// 主要任务是为库中的每个图像附加一个事件侦听器
// 并在单击时做出适当的回应
function activateGallery() {
  let thumbnails = document.querySelectorAll("#gallery-thumbs > div > img");
  let mainImage  = document.querySelector("#gallery-photo img");

  thumbnails.forEach(function(thumbnail) {
    // 预加载大图像
    let newImageSrc  = thumbnail.dataset.largeVersion;
    let largeVersion = new Image();
    largeVersion.src = FILL_IN;
    thumbnail.addEventListener("click", function() {
      // 将单击的图像设置为显示图像

      mainImage.setAttribute("src", newImageSrc);

      // 更改当前图像
      document.querySelector(".current").classList.remove("current");
      thumbnail.parentNode.classList.add("current");

      // 更改图像信息
      let galleryInfo = document.querySelector("#gallery-info");
      let title       = galleryInfo.querySelector(".title");
      let description = galleryInfo.querySelector(".description");

      title.innerHTML       = thumbnail.dataset.title;
      description.innerHTML = thumbnail.dataset.description;
    });
  });
}
```

11.5　结论

祝贺你！现在你已经掌握了本书。

有了本书中培养的技能，你现在可以准备朝多个不同的方向前进了。我特别推荐两种方向：（1）深入学习 JavaScript；（2）确保 JavaScript 不是你唯一掌握的语言。

11.5.1　深入学习 JavaScript

有大量的资源可用于深入学习 JavaScript。既然你已经了解了基本知识，那么你需要关注的就是扩展你对语言语法的掌握，学习更先进的技术（如 async/await 和 promise），并继续开发真正的应用程序。以下是我使用过的或强烈推荐使用的一些资源：

❑ Codecademy JavaScript：一个引导式的浏览器内置 JavaScript 介绍，与本书中的方法高度互补。（https://www.codecademy.com/learn/introduction-tojavascript）

❑ 树屋 JavaScript：备受好评的交互式教程。（https://teamtreehouse.com/library/topic:javascript）

❑ Wes Bos JavaScript（https://javascript30.com/）：一门关于普通 JavaScript 的免费课程。Wes 还提供大量高级课程（https://wesbos.com/courses），其中许多课程侧重于 ES6 和 Node 等 JavaScript 主题。

❑ 学习 JavaScript 基本知识：Eric Elliott 编写的一份优秀的资源列表，包括其他课程和书籍的链接。

11.5.2 学习一门新的语言

当询问有经验的开发人员，了解多种编程语言是否重要时，答案通常从"是！"到"绝对是！"。事实上，有很多理由不让自己成为只会一种语言的人。

当谈到为有史以来最伟大的平台万维网构建软件时，我推荐的语言（除了 JavaScript）是 Ruby，这是一种为"程序员的快乐"而设计的强大语言。特别是，Ruby 是制作网络应用程序两个最流行框架的语言：Sinatra（在迪士尼和 Stripe 等公司使用）和 Rails（在 GitHub、Hulu 和 Airbnb 等公司使用）。

虽然 Sinatra 适用于更大的应用程序，但它是更简单的框架，并且是 *Learn Enough Ruby to Be Dangerous* 的一部分。Rails 是我制作数据库支持 Web 应用程序的首选框架，*Ruby on Rail Tutorial* 对此进行了全面介绍。此外，两者都可以与 JavaScript 一起使用，Rails/JavaScript 集成尤其流行。

因此，以下是 Learn Enough 序列的后续学习推荐：

❑ *Learn Enough Ruby to Be Dangerous*

❑ *Ruby on Rail Tutorial*

最后，对于那些希望在技术熟练度方面有最坚实基础的人来说，Learn Enough All Access（https://www.learnenough.com/all-access）是一项订阅服务，提供了所有 Learn Enough 书籍的在线版本和超过 40 小时的视频教程。建议读者查阅学习！